服装类专业规划教材
编审委员会

“十三五”应用型人才培养规划教材

服装画技法

FUZHUANGHUA JIFA

第三版

王培娜　孙有霞 ◎ 主编

化学工业出版社

·北京·

服装画是进行服装设计的基本手段和工具。本教材立足于现代服装艺术设计和国内外对设计人才的需求，根据企业对设计人员实际能力的要求，从服装的基本概念入手，以服装人体的训练为起点，突出服装画在造型和平面款式上的表达优势，结合服装效果表达和计算机辅助绘画表达，并介绍了服装画的各种表现风格和使用工具，形成了一个完整的训练体系。

本书首次提出了比较服装画技法的概念，通过服装、效果图、款式图的反复比较练习，使表达的概念更接近于现实，为以后的实际工作提供了非常实用的基础。服装的图例基本上都是由编者独立完成，不同老师的绘画风格也给读者展现了开阔的视野。

本教材既可用作各类服装高等学校、高职高专院校、中等职业学校学生的教学用书，也可用作没有美术基础的初学者和服装设计爱好者的入门学习参考书。

图书在版编目（CIP）数据

服装画技法/王培娜，孙有霞主编.—3版.—北京：化学工业出版社，2019.6

ISBN 978-7-122-34148-8

Ⅰ.①服… Ⅱ.①王…②孙… Ⅲ.①服装-绘画技法 Ⅳ.①TS941.28

中国版本图书馆CIP数据核字（2019）第052897号

责任编辑：蔡洪伟　　文字编辑：李　瑾
责任校对：王　静　　装帧设计：刘丽华

出版发行：化学工业出版社(北京市东城区青年湖南街13号　邮政编码100011)
印　　装：北京缤索印刷有限公司
787mm×1092mm　1/16　印张13　字数307千字　2019年9月北京第3版第1次印刷

购书咨询：010-64518888　　售后服务：010-64518899
网　　址：http://www.cip.com.cn
凡购买本书，如有缺损质量问题，本社销售中心负责调换。

定　价：59.00元

序

经历了20多年发展历史的中国服装教育，从了无章法到逐渐成熟，今天已经发展成为规模化、公共性的教育事业，为迅速发展的服装行业培养了大量人才。为此，有很多在教学岗位上的教师付出了艰辛的努力，在四分之一世纪的时间里，编写出大量的教材，为“一穷二白”的服装专业教育铺垫了很好的基础。尤其是作为专业入门的服装画技法类教材，出版的数量多，质量也在不断地提高。

这是一本有指导特色的服装专业教材，编者都是有一定教学经验的院校教师。作为集体创作，参编者各尽其能，发挥所长，形成了一个强强联合的团体。针对服装专业教育存在的问题，编者结合体会，巧动心思，以衣服照片为对照，进行学习服装画技能的讲述。全书内容由浅入深、由表及里、从理论到实践，周到而详尽地讲解了服装画的作用意义和技术技能。更难能可贵的是，本书中采用的大量服装画均出自于编者，表达准确、技法精湛，为学习服装画的入门者提供了很好的描摹范本。

在此，为本书作序，希望该教材融入服装教育大潮中，为专业教育掀起浪花一朵，滋润浇灌更多的树苗，使中国的服装行业这棵大树根更深、叶更茂。

北京服装学院教授

[signature]

前言

本书自2007年出版至今已重印多次，受到广大使用者的欢迎和好评，本次修订在保持本书主体结构不变的情况下，主要是增加了一些新图片，并对部分章节的版式进行了调整，以使本书更具表现力，通过本次修订使本书更具实用性和使用价值。

服装画技法是服装教育的专业基础课程之一，在整个专业教育中是最早开设的课程。学习之初，初学者对服装和服装设计缺乏整体的概念，服装画的表达一般偏重于个人风格和服装面料、色彩的表现。

服装设计的成功与否，最终要通过实物形态来判断。从设计构思到实物是一个不断调整的过程，服装效果图与制成的服装越接近，说明最初的设计构思越成功。目前各院校的服装设计教育课程，基本属于美术训练的范畴，因为无法以相应的成衣来比较，也就是无法将每一幅练习用的服装画制作成实物的服装。这样的训练难免形成把服装画单纯地向纯粹的绘画方面理解，一味强调个人的绘画风格，而忽略了对服装的表现。

服装画被认为是表达设计意图的有效工具和手段，而服装设计最终是以实物形态来体现的，即使没有服装画这个环节，直接用服装材料制作成服装也可以完成设计意图的表达。但服装画在帮助设计师捕捉创作灵感，完整地描绘着装效果方面，比用布料来裁剪缝制服装样品、表达设计意图更为便宜和便捷。

服装设计的过程是：规划→构思→草图→服装效果图→服装结构图→工艺制作→成衣。

单纯地进行服装画的训练，难免就会出现脱离设计和制作的问题，特别是对于那些对服装专业学习还处于懵懂状态的初学者来说，更是容易产生误解。本书采用逆向思维的方法，在进行系统地学习设计原理和构成要素之前，通过对服装实物、服装设计速写和服装效果图的比较学习和训练，帮助学习者较快地掌握服装画的特点和表达要素，这是本书的主要特点之一。

本教材由王培娜和孙有霞主编，王培娜负责第一章、第二章、第七章的编写，孙有霞负责第三章、第四章和第八章的编写，郝蔚负责第五章的编写，史海亮负责第六章的编写，参与本书编写的还有侯京鳌、周锡永、刘世甲、段敏、孔慧。全书由北京服装学院胡月教授主审，给予了大量指导性意见，在此表示衷心的感谢。

限于编写时间有限，本教材中难免会出现偏颇和欠缺之处，恳请广大读者给予指正。

本教材另附课时安排，供各院校参考借鉴。

课时安排

建议总学时：80学时

第一章	服装画概论	4
第二章	服装人体绘画	16
第三章	服装画中的服装造型	10
第四章	服装画的款式平面图	10
第五章	服装画的常用表现技法	12
第六章	服装质感与图案的表现技法	12
第七章	服装画的风格表现	8
第八章	服装画电脑技法表现	8

注：各院校可根据自身的教学计划和教学特色进行课时调整。设计与工程专业、设计与表演专业以及其他专业可选择服装艺术设计的部分内容，做相应的课时安排。

目　录

目 录

目 录

第一章 服装画概论

- 第一节 服装画的分类
- 第二节 服装画、服装设计与服装
- 第三节 如何学习服装画技法

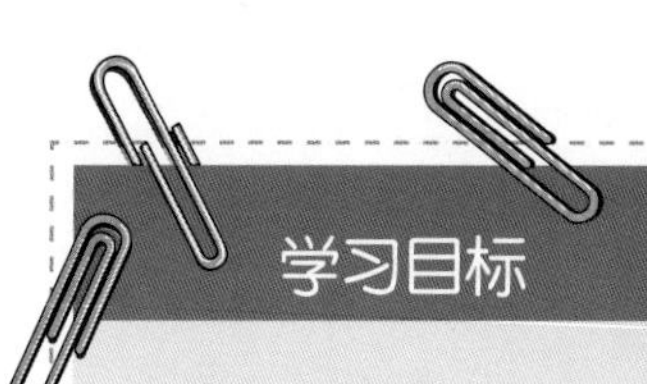

学习目标

通过对服装画的总体描述，熟悉服装画的基本知识，理解比较服装画技法的意义。

第一节 服装画的分类

一、服装画的概念

服装画是以服装为表现主体，展示人体着装后的效果、气氛，并具有一定艺术性和工艺技术性的一种特殊形式的画种。服装画是一门艺术，它是时装设计的专业基础之一，是衔接时装设计师与工艺师、消费者的桥梁。

Mango作品

图1-1

服装设计作为一种创作活动，是设计师通过对生活的感受而触发灵感，由灵感而转化为构思，然后通过构思设计图——服装画表达出来。也就是说，服装画是服装设计观念的图式，是服装设计师表现其服装设计最有力的表现方法或表现工具之一。

广义的服装画是指以表现服装为目的的人物画，涉及的范围比较广泛，从服装设计、宣传广告、时装画报到美化生活和绘画欣赏等，都是服装画表现的领域。狭义的服装画是作为服装设计构思的记录和表现形式的一种绘画形式，这种画应该表现出服装的款式结构；服装面料的特点和色彩的搭配效果；体现服装穿着者的个性和风格；不但要和设计师的设计风格相统一，而且作为品牌的服装也要体现其品牌的理念。

二、服装画的特点

服装画表现的主体是服装，脱离这一点，便难以称之为服装画。几个世纪以来，我们可以看到许许多多将时装描绘得灿烂辉煌的人物绘画作品，但这些作品之所以不能称之为服装画，是因为它们表现的主体是人而不是服装。而服装画的内容是表现或预视服装穿在人体之上的一种效果、一种精神、一种着装后的气氛。

服装画还具有另一个特点，即具有双重性质：艺术性和工艺技术性。首先，作为以绘画形式出现的时装画，它脱离不了艺术的形式语言。对于服装来说，服装本身便是艺术的完美体现。而以绘画形式、材料或创造方法来表现的服装画，则是其创作、绘制的基本要求。虽然近期出现的电脑服装画，脱离了传统的绘画工具材料，但从创作心理过程以及电脑最终所表现的视觉效果来看，电脑服装画仍然属于绘画的形式范畴，只是其运作过程和表现的方式与传统的服装画有所不同。其次，服装画的工艺技术性，是指作为服装设计专业基础的服装画不能摆脱以人为基础并受时装制作工艺制约的特性，即在表现过程中，需要考虑时装完成后，穿着于人体之上的时装效果和满足工艺制作的基本条件。

图1-2 ▶

此图来源于FW（服装设计网站中国时尚原创设计基地）

三、服装画速写

服装设计本质上也是以人体为基础，通过款式、色彩、面料、工艺进行的造型艺术。时装效果图在要求上，除了观赏性，还要充分地表达设计结构，模拟服装穿着的效果。那么造型能力是一切基础的基础。

时装设计是一项时间性相当强的工作，需要设计者在极短的时间内，迅速捕捉、记录设计构思。这种特殊要求使得这类时装画具有一定的概括性、快速性，而同时又必须让包括设计者在内的读者通过简洁明了的勾画、记录，读懂设计者的构思。

学习服装设计的人，一般都经过了专业的美术训练，有了一定的素描基础。服装设计素描不同于基础的素描，而是通过素描的一种基本形式“速写”来完成的。

Mango作品

▲ 图1-3

绘画：侯京鳌

服装画可以在任何时间、任何地点，以任何工具，甚至简单到一支铅笔、一张纸便可以绘制了。通常设计草图并不追求画面视觉的完整性，而是抓住时装的特征进行描绘。有时在简单勾勒之后，采用简洁的几种色彩粗略记录色彩构思；有时采用单线勾勒并结合文字说明的方法，记录设计构思、灵感，使之更加简便快捷。人物的勾勒往往省略或相当简单，即使勾勒时，亦侧重某种动势以表现时装的动态预视效果，而省略人体的众多细节。

图1-4 ▶
绘画：侯京鳌

四、服装效果图

也被称为服装设计图，是服装工厂或公司成衣制作和生产用的设计图。它是以表现服装款式、造型、色彩搭配、面料质感以及外形特点为主要目的的服装画，也是服装从打版到制作的重要依据。不但要表现服装的美感，也要把款式、色彩、面料的流行因素考虑进去。这样的设计图一定要画得准确，衣片的接缝线、省道、活褶、碎褶、口袋、明线等细部要准确无误地表现出来。不但要注意衣身正面的结构，也不要忘记画背面的设计图。背面的表现也可像正面一样画人的着装状态图，叫作“效果图”，但一般都把背面画成款式图，所谓“款式图”是指只画服装不画人的服装样式图，用线描的形式画出来。款式图一般画在效果图的旁边，是对设计的一种补充说明，是服装效果图不可缺少的组成部分。

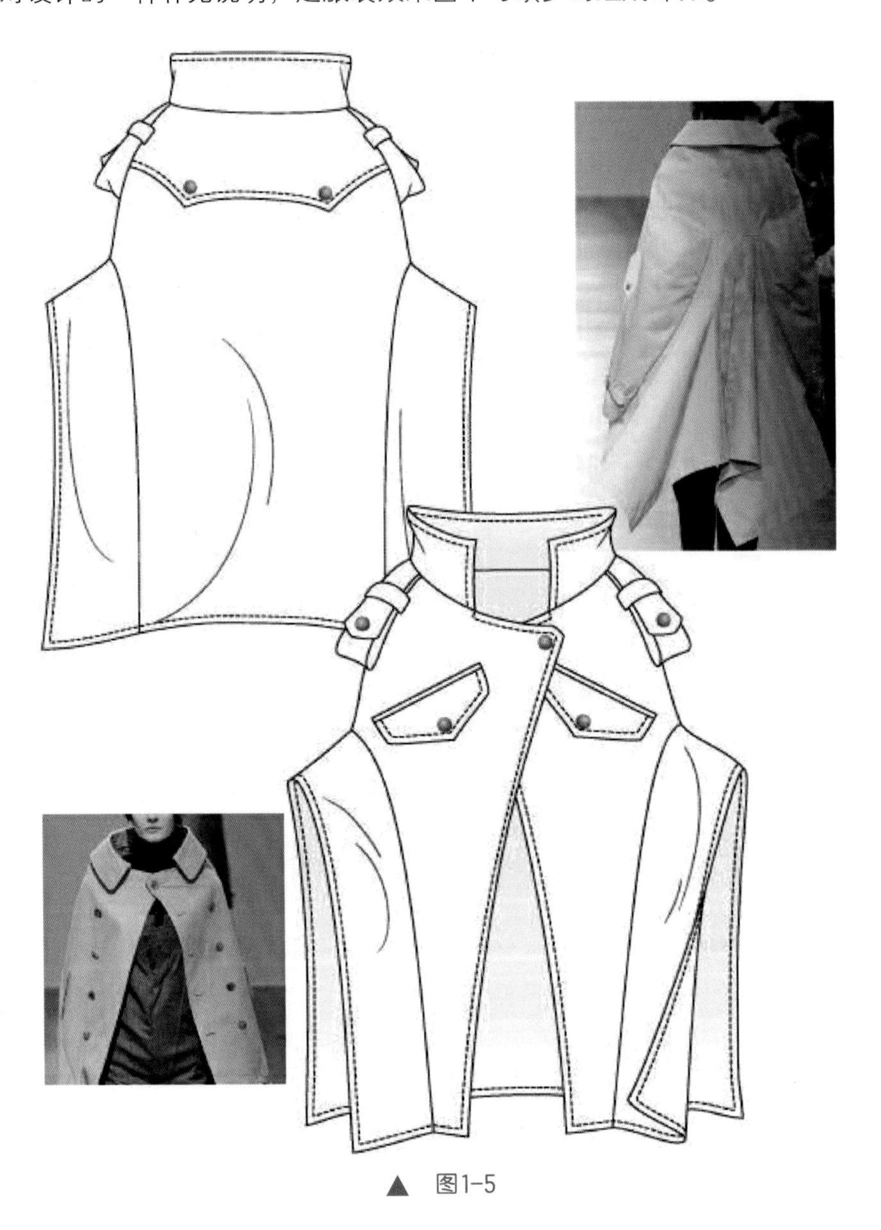

▲ 图1-5

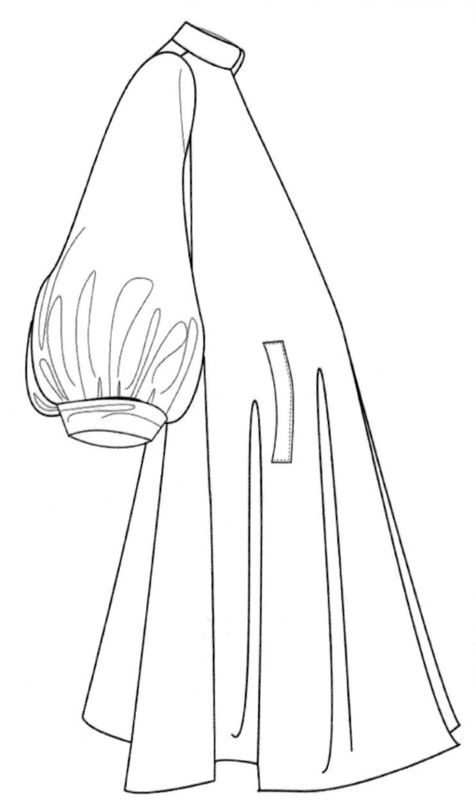

源于：BALENCIAGA 设计师：IRVING PENN

▲ 图1-6

五、服装款式图

服装款式图是设计图的补充说明，是设计的另一种表现形式。一般的服装画技法书，不将平面图的绘制技法列入。由于平面图在现代设计、工艺制作中显得极为重要，所以本书将对平面图的表现方法进行必要地、适当地阐述。

服装款式图的目的是将设计图中表现不够清楚的部位，具体而又准确地表现出来。由于服装画中的款式具有一定的动势，所以，有些具体的服装结构，往往被其动势所掩盖而难于表示清楚，服装款式图通过平面特有的表现手法、较为全面地将设计的款式从正面、背面、侧面以及局部展示设计的全貌。款式图的绘制一般采用较为规则的线，工整而规范。

六、其他服装画

1. 商业时装设计图

是作为产品交易而广泛运用的另一种风格的时装画，它具有工整、易读、结构表现清楚、易于加工生产等特点。通常采用以线为主的表现形式，或者采用以线加面、淡彩绘制等方法描绘而成。有时，对时装的特征部位、背部、面辅料、结构部位等，需要有特别图示说明，或加以文字解释、样料辅助说明。这种设计图，极为重视时装的结构，需要将时装的省缝、结构缝、明线、面料、辅料等交代清楚，仔细描绘。对于人物的描绘，有时可全部省略，只留下重点表现的服装突出部分。

商业时装设计图与时装工艺的款式平面图的区别在于：商业时装设计图的最终效果仍然是表现一种着装后的效果、一种着装后的氛围，虽然有的商业时装设计图省略了人物，但目的明确，是让时装更加突出、鲜明。

图1-7

绘画：史春佳

图1-8 ▶

绘画：杨宇琴

2. 时装广告画与插图

是指那些在报纸、杂志、橱窗、看板、招贴等处，为某时装品牌、设计师、时装产品、流行预测或时装活动而专门绘制的时装画。与商业时装设计图相反，时装广告画与插图并不注重时装的细节，而是注重其艺术性，强调艺术形式对主题的渲染作用，依靠时装艺术的感染力去征服观者。

时装广告画及插图的艺术风格多种多样：有的时装画家笔下的时装画，实质上是一张纯粹的绘画作品，是绘画艺术与时装艺术的高度统一；有的时装广告画与插图则相当精炼、简洁；而有的时装广告画与插图看上去就如同一幅完美的艺术摄影照片。

第二节　服装画、服装设计与服装

一、服装设计创作的一般过程

服装设计是一个艺术创作的过程，是艺术构思与艺术表达的统一体。设计师一般先有一个构思和设想，然后收集资料，确定设计方案。其方案主要内容包括：服装整体风格、主题、造型、色彩、面料、服饰品的配套设计等。同时对内结构设计、尺寸确定以及具体的裁剪缝制和加工工艺等也要进行周密严谨的考虑，以确保最终完成的作品能够充分体现最初的设计意图。

服装设计的构思是一种十分活跃的思维活动，构思通常要经过一段时间的思想酝酿而逐渐形成，也可能由某一方面的触发激起灵感而突然产生。自然风光、历史古迹、文艺领域的绘画雕塑，舞蹈音乐以及民族风情等社会生活中的一切都可给设计者以无穷的灵感来源。新的材质不断涌现，也会不断丰富着设计师的表现风格。大千世界为服装设计构思提供了无限宽广的素材，设计师可以从过去、现在到将来的各个方面挖掘题材。在构思过程中设计者可通过勾勒服装草图借以表达思维过程，通过修改补充，在考虑较成熟后，再绘制出详细的服装设计图。

◀ 图1-9

二、服装画表达与服装

绘制服装效果图是表达设计构思的重要手段，因此服装设计者需要有良好的美术基础，通过各种绘画手法来体现人体的着装效果。服装效果图被看作是衡量服装设计师创作能力、设计水平和艺术修养的重要标志，越来越多地引起设计者的普遍关注和重视。服装设计图的内容包括服装效果图、平面结构图以及相关的文字说明三个方面。

（1）服装效果图的内容和表达方式　服装效果图一般采用写实的方法准确表现人体着装效果。

（2）平面结构图　一幅完美的时装画除了给人以美的享受外，最终还是要通过裁剪、缝制制成成衣。服装画的特殊性在于表达款式造型设计的同时，要明确提示整体及各个关键部位结构线、装饰线裁剪与工艺制作要点。

（3）文字说明　在服装效果图和平面结构图完成后还应附上必要的文字说明，例如设计意图、主题、工艺制作要点、面辅料及配件的选用要求以及装饰方面的具体问题等，要使文字与图画相结合，全面而准确地表达出设计构思。

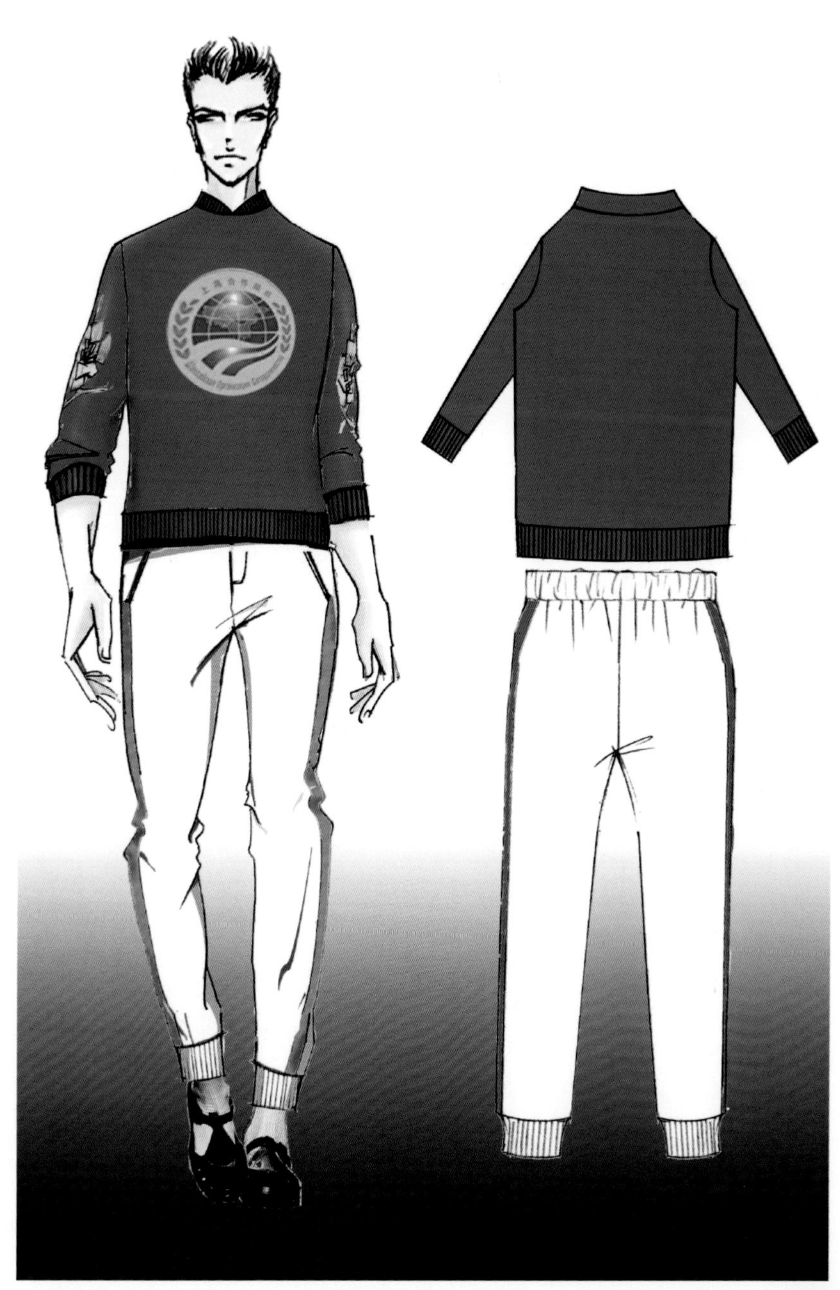

图1-10

第三节　如何学习服装画技法

一、比较服装画技法的提出

服装画技法的教学，经过20多年的发展，已经形成了较为完整的体系。但是服装画的教学不能和其他课程割裂开来。企业生产流程是设计稿——设计总监定稿——打样板——车样板——试衣——设计师修正——修板至符合设计意念——样衣编号——根据市场确定生产数量——采购面料大货——下单——销售——售后反馈，基本是这样一个流程进行着由一个理念转化成成品的过程。因此服装画的学习必须从各个环节的反复比照中进行练习。

二、比较练习的方法

本书一个最大的特点是不但在基本的人体绘画中反复强调了绘画步骤，而且，大部分的服装画都提供了成衣的实物，让学生进行比较练习。服装设计的成功与否，最终要通过实物形态来判断。虽然从构思到实物是一个不断调整的过程，但服装效果图与制成的服装越接近，说明服装设计越成功。

第二章　服装人体绘画

- 第一节　服装画人体比例
- 第二节　服装基本人体画法
- 第三节　服装画人体的局部画法

学习目标

熟悉人体结构的外形特点，掌握服装画的不同要求的人体比例，重点掌握正、侧、背面的人体画法，反复练习人体的局部画法，达到基本美感的要求。细致掌握各种姿势的人体画法。

第一节　服装画人体比例

一、理想的人体比例

通常是指八头体的人体比例。这种人体比例比生活中人的体形更完善、更典型化、更美，是一种理想的人体比例。服装设计效果图和时装画中的人体，是基于正常人体之上的理想化人体，强调头小、肩阔、下肢长的修长效果，以利于更充分地表现服装款式造型。所以，多在颈、腰、腿等部位进行夸张，往往形成8个头、9个头或更多的人头比例。

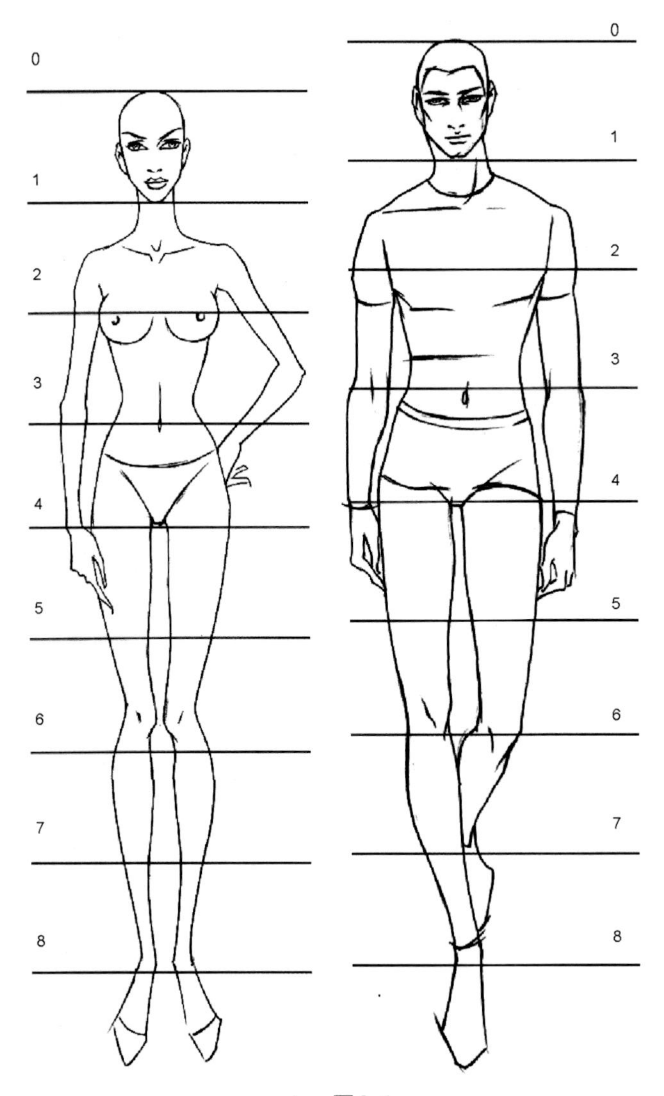

▲　图2-1

8个头长比例划分(如图2-1)：

第一段，由头顶至下颌；

第二段，到乳头偏上、腋窝略下；

第三段，到脐孔(肘位与腰平齐)；

第四段，到耻骨联合点，即全身长1/2处；

第五段，到大腿中部稍下；

第六段，到膝盖稍下(即小腿长于大腿)；

第七段，到小腿中部(小腿肚在小腿1/2处稍上)；

第八段，到足跟。

二、局部人体比例

从局部来讲，人体大致的比例（如图2-2所示）如下。

① 肩宽等于2个头宽。

② 两乳头间距为1个头宽。

③ 女腰宽约为1个头宽。

④ 臀宽为2个头宽。

⑤ 大腿约2个头长。

⑥ 小腿约2个头长。

⑦ 脚长为1个头长。

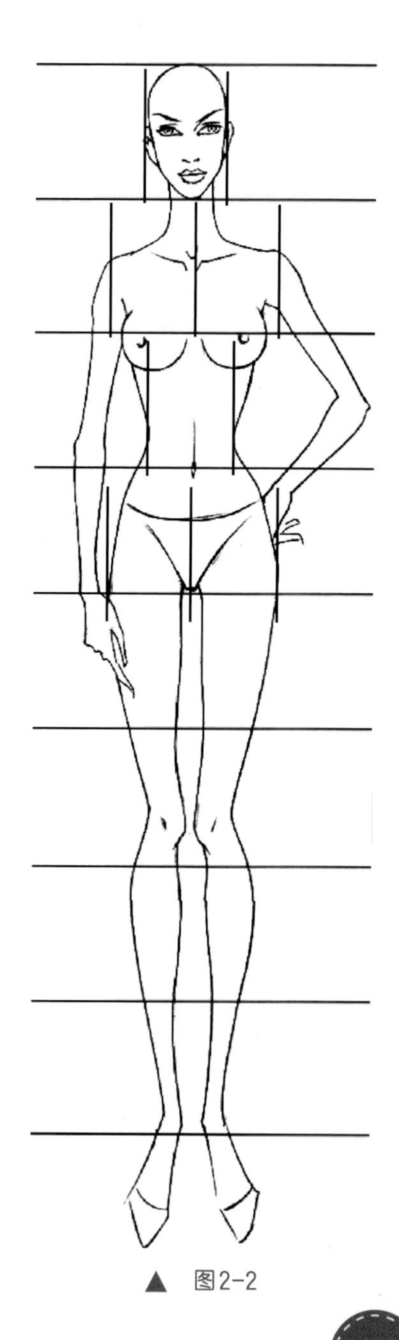

▲ 图2-2

三、不同服装的人体比例

8个头是不是时装绘画最终的人体比例呢？时装画毕竟也是一种绘画艺术，略带浪漫、夸张的手法，都是可以的，8个头不是时装绘画的唯一比例。

在绘画中采用的人体比例，根据不同形式的绘画需要，视觉设计款式不同而决定所采用合适的比例。而时装海报、时装插画一类的服装画，重在表现人体的风采，则可不受标准比例的限制。

一般来说，腿部外露较多的服装款式，腿不宜过长。

一般裸露身体较多的内衣、泳装类服装款式，以接近真实为准，多采用七个半头（如图2-3所示）。

▲ 图2-3

8个头高的比例，是指一般女性的标准体型，较适合短裤配T恤、穿平底鞋的打扮（如图2-4所示）。

▲　图2-4

9个头高的人体比例，一般适合于风衣、过膝裙、长裤、套装等款式，给人以苗条感（如图2-5所示）。

▲ 图2-5

礼服、婚纱、长裙一类的服装为了体现服装款式的修长，以衬托优雅华美的风姿，均可采用10个头的人体比例，甚至可以是11 ~ 15个头不等的人体比例（如图2-6所示）。

▲ 图2-6

成衣较多采用9个头高的比例，给人以稳重大方的感觉（如图2-7所示）。

▲ 图2-7

四、不同年龄段人体比例（如图2-8所示）

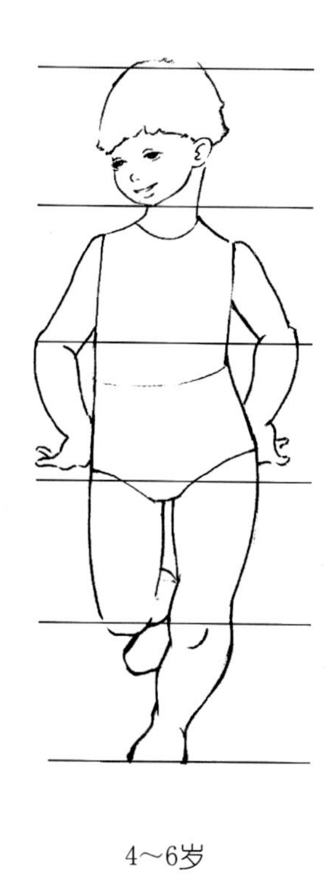

4～6岁

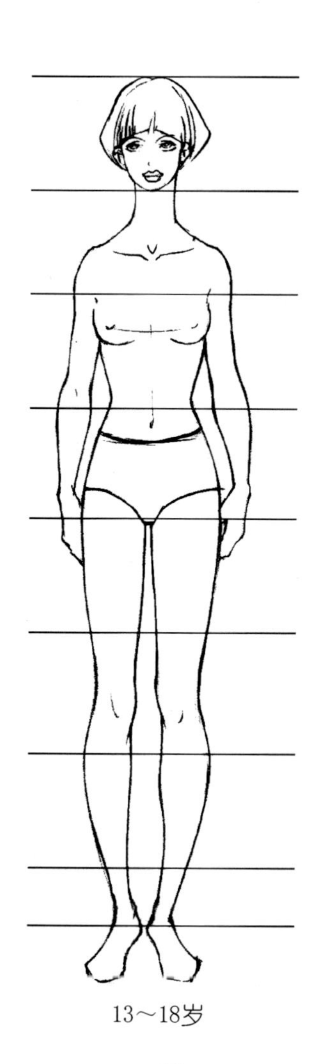

13～18岁

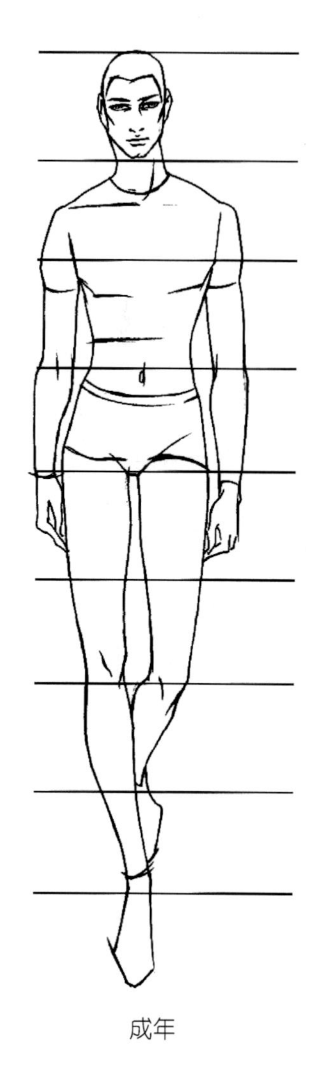

成年

▲ 图2-8

第二节　服装基本人体画法

一、正面全身画法

首先画出等分的九条横线及中央垂线（也叫重心垂线）(注意留好天头、地脚)，然后分别标出0、1、2、3、4、5、6、7、8，在0至1线之间画好头部、脸部及发型。

在1至2线的1/2处定肩高，肩宽为两个头宽。在1至2线的上1/4处定颈长，颈根略宽于1/2头宽。在2至3线的下1/2处定腰节高，腰宽相当于一个头略宽，脐位在3线上。

乳胸弧线在腋窝与腰节高的上1/3处，乳尖在腋窝与乳胸弧线的上1/3处，两个肩骨端点与脐位相连成倒三角形，两乳尖即在这三角形的两条边上。臀的高低在4线上，宽为两个头宽略窄；然后腰宽两点与臀宽两点相连，构成臀部基本外形。双股交叉线在4至5线的上1/8处，腹部弧线在3至4线的下3/4处。

膝盖上端在5至6线的1/2处，膝盖的下端在5至6线的下1/4处，两膝宽约一头宽。里、外踝约在7至8线的下1/4处左右。两踝并拢不足一头宽，里踝高而外踝低。膝和脚的自然状态呈八字形。

上臂长在2至3线的下1/4处。

前臂长在4至5线的上1/8处。

中指尖长在4至5线的1/2左右（如图2-1、图2-9所示）。

二、侧面全身画法

先画出九条横线及重心线，然后标出0、1、2、3、4、5、6、7、8。在0至1线之间画头。

按重心线定头的位置。重心垂线前占3/4，重心垂线后占1/4(头部的长宽比为1∶1)(如图2-6所示)。

1至2线的1/2处定脖根位置（从前面看）。从前面脖根处作一个直角，分成三个30°，定出胸部斜度，并参照正面画出胸部。

3至4线之间为腹部和臀部，臀部最高点在3至4线的下1/4处。将侧面臀分三份，重心垂线前占二份，重心垂线后占一份。

大腿至膝盖后部基本在重心垂线上。膝盖部位可参看正面图5至6线。

6至7线的1/2处是小腿肚。

7至8线的下1/4处正是踝骨位置，踝骨的后方应在重心垂线上。

▲　图2-9

1. 女性的外形特点

我们画时装画遇到最多的是女性，女性的基本外形特点是：腰宽等于头长，腰部、颈部较细，胸廓较狭窄而短小，胸部丰满，背部较圆浑，脊柱弯曲度较大，站立时腰部弯曲较大。肩部窄而向下倾斜，肘部凹凸起伏不大，手部柔软纤细。臀部较大而向后突出，髋部周围大于肩部周围。膝部较宽大，凹凸起伏不明显，踝部较圆润。足狭小而薄。

脑颅与面颊的比例，面颊比男性小。颊部和颏部比较小并略呈弧线状。面部凹凸变化不大。眶部广而浅，眼睑较大。头比男性略小，眼球大小与男性相等。眉较淡，略呈弧线状。鼻翼较狭而低，口较小，嘴唇较薄（如图2–10所示）。

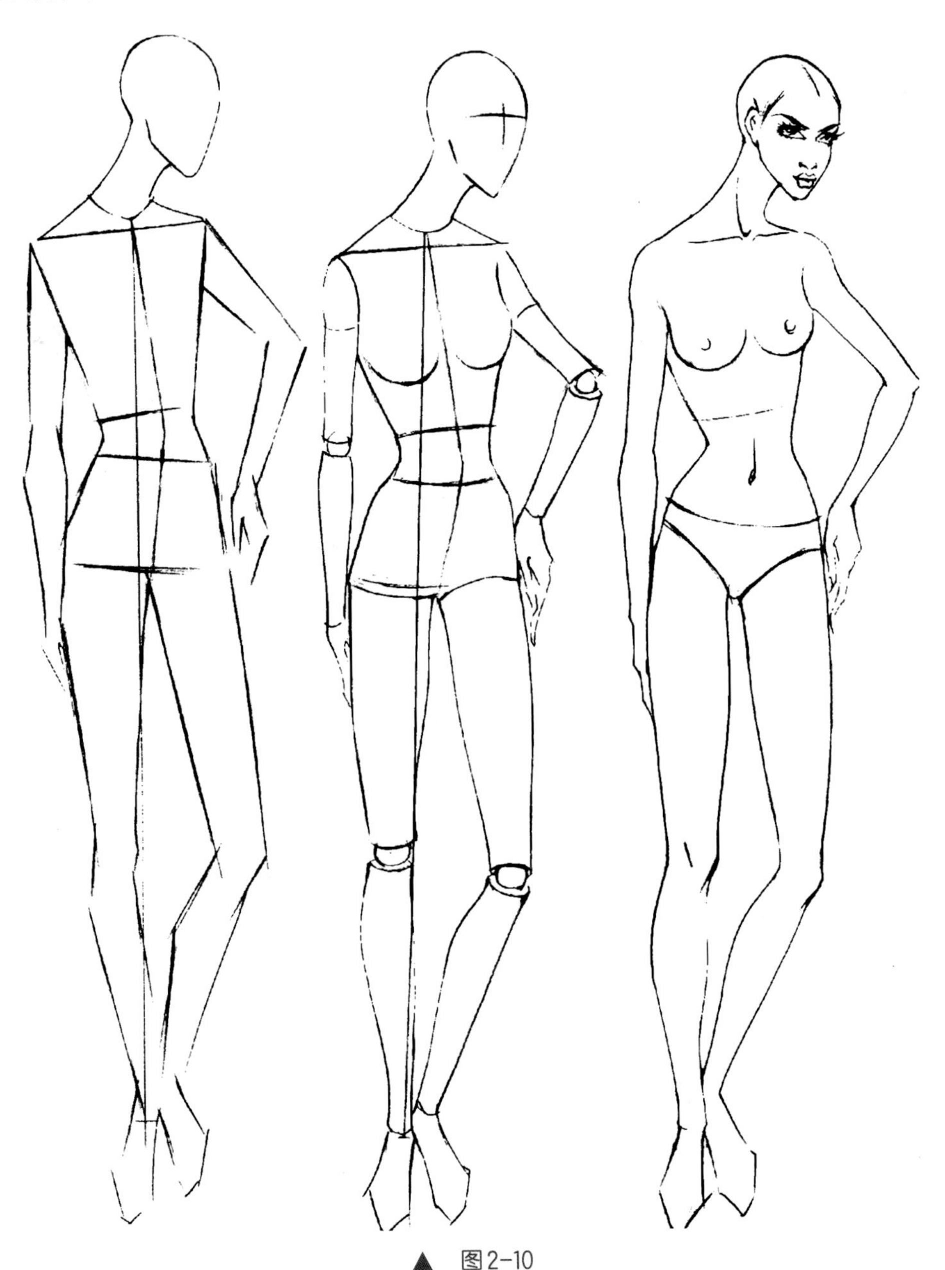

▲ 图2–10

2. 男性的外形特点

男性的基本外形特点是：腰部比女性较宽，腰宽略大于头长，胸廓较大而长，乳线不发达，背部凹凸变化较显著，脊柱弯曲度较小。肩部较宽而方，锁骨的长度等于肩胛骨的长度，也等于手的长度；手的长度等于头长的三分之二，手宽等于手长的二分之一，肘部凹凸起伏较大，脖颈较粗，髋部周围比肩部周围小，膝关节凹凸变化比女性大，脚宽大而且厚。

脑颅与面颊的比例为2 ：1，颊部和颏部宽而方，略呈折线状，面部凹凸变化较大。眶部狭而深，眼睑较小，眉浓黑而呈直线状。鼻梁较高，鼻翼及口较宽而方，嘴唇较厚（如图2-11所示）。

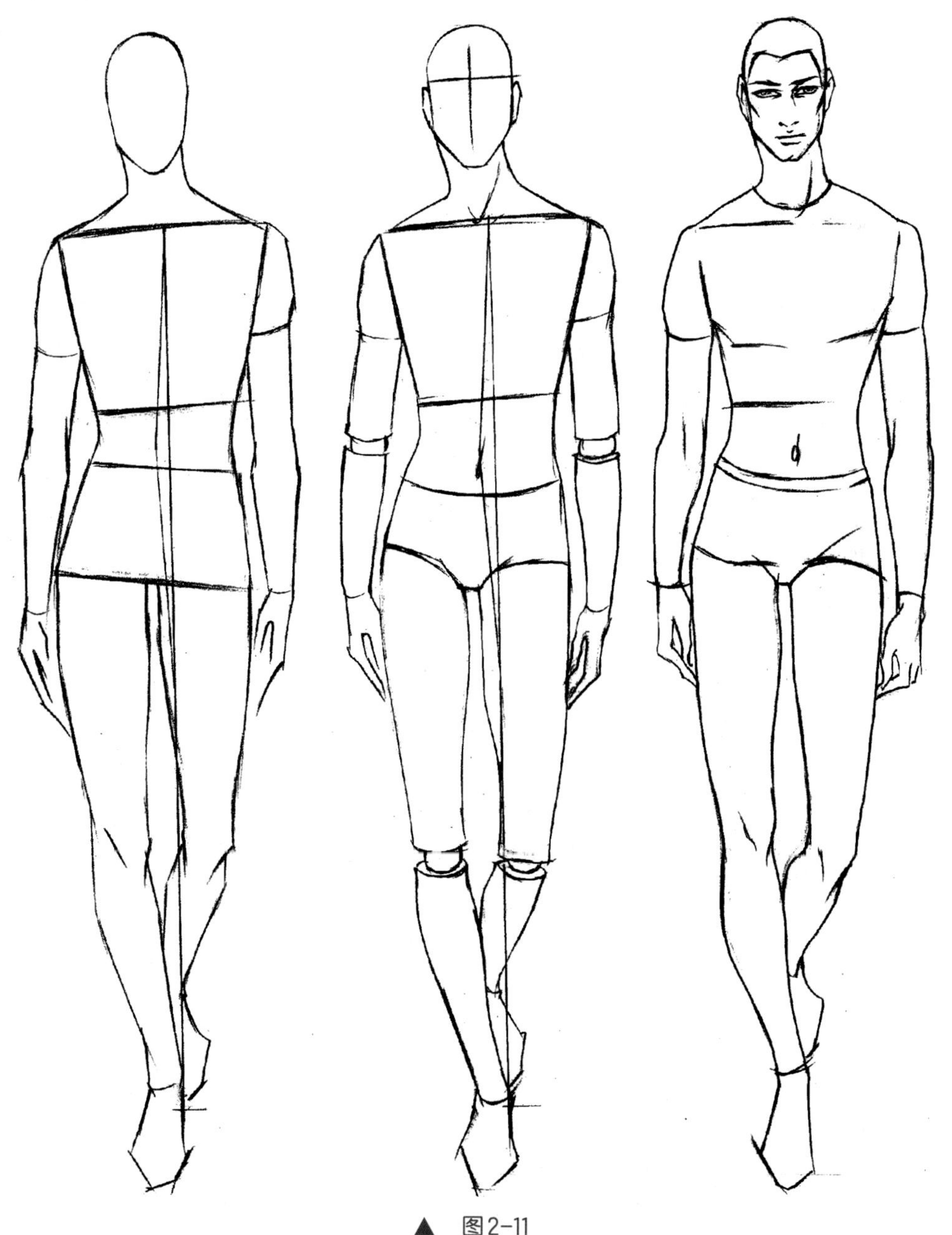

▲ 图2-11

3. 儿童的外形特点

儿童的基本外形特点是：肩部稍宽于头长，颈部细而短，上肢较短，关节部分骨相不显于外表，皮下脂肪特别发达，肘部及手指关节呈小窝状，手指短小柔软，膝部较平滑。

幼儿的外形特点：脑颅发育较早，而面颊发育较迟；脑颅与面颊的比例是，初生儿为8：1；一岁至两岁为6：1；五岁至六岁为4：1；十岁左右为3：1。故幼儿额骨、枕骨显著突出，面部短阔而圆润，颊部细小，面部凹凸变化不大。

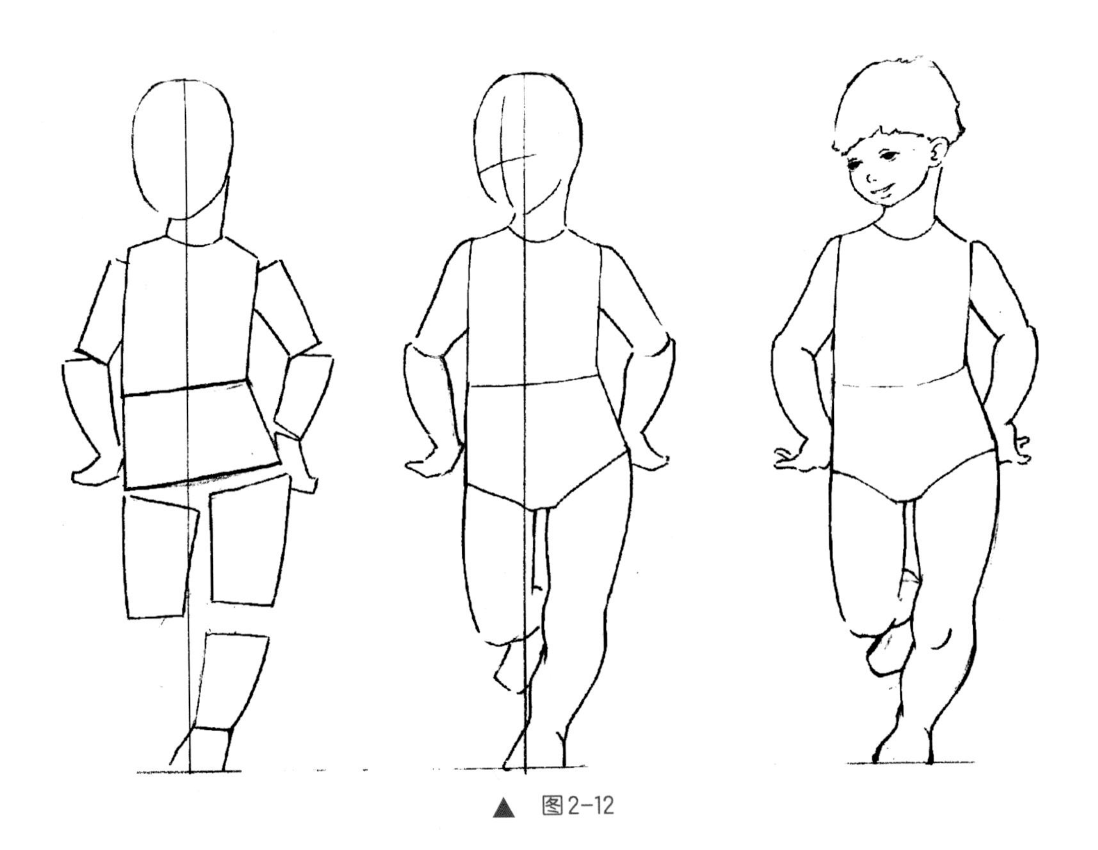

▲ 图2-12

随着年龄的增长，儿童面部渐大，且向下方延长，面部凹凸渐渐显著。头部五官部位，以五六岁儿童为例，眉在头部横线二分之一处，眼在头部横线的二分之一处以下。眉至鼻尖的距离等于鼻尖至颏的距离。鼻的宽度等于两眼的距离，口的宽度也等于两眼的宽度。口在鼻尖到颏纵线的二分之一处稍上的位置上。眶部饱满，眼大眉较淡而短，鼻根平坦，鼻低而短阔，口尖而突出（如图2–12、图2–13所示）。

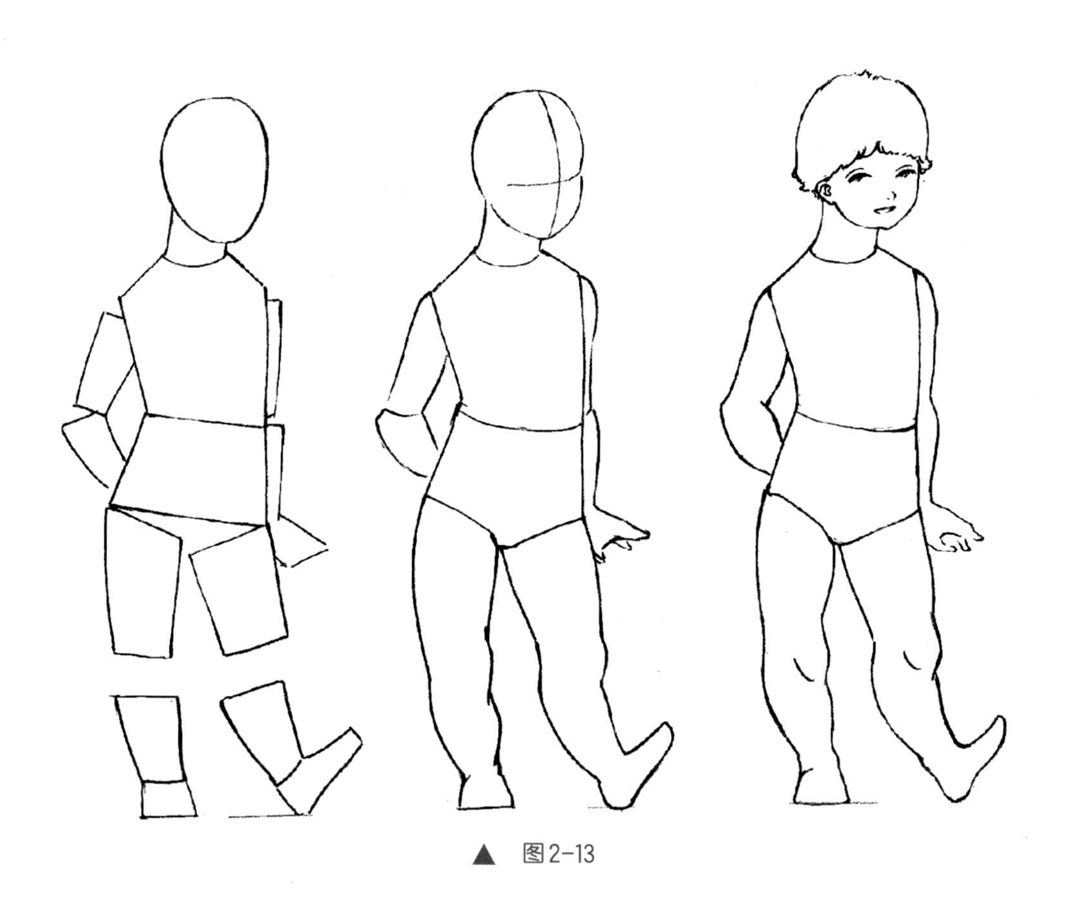

▲　图2–13

青少年男女人体画法（如图2-14～图2-17所示）。

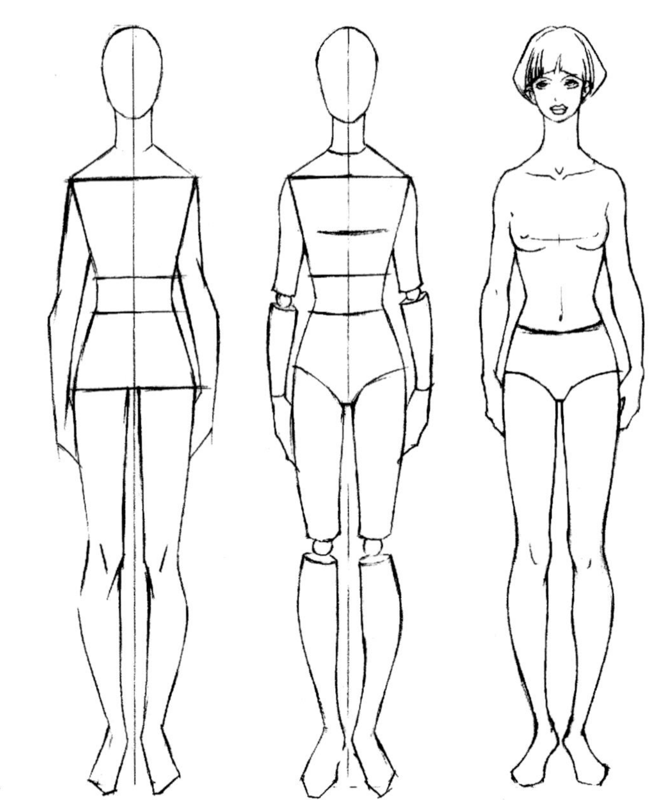

图2-14

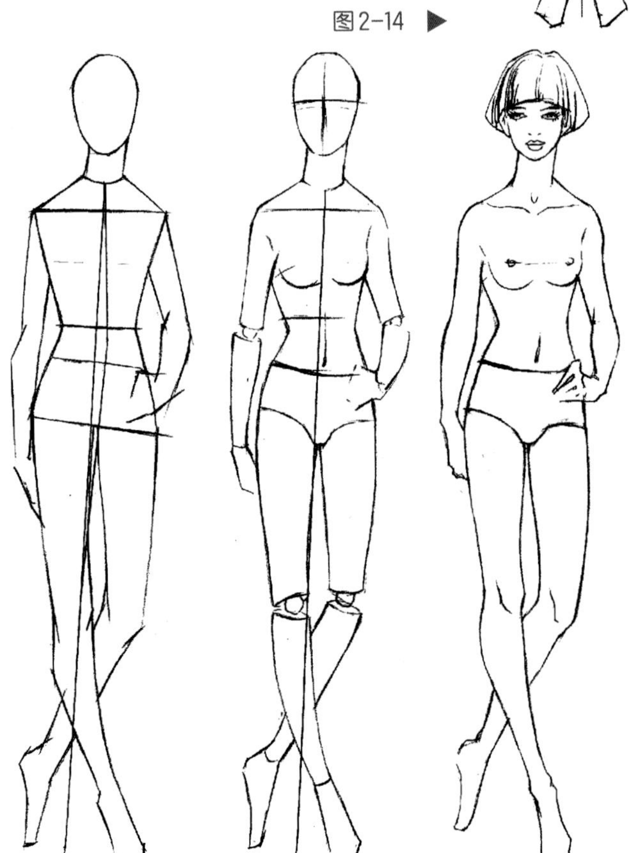

图2-15

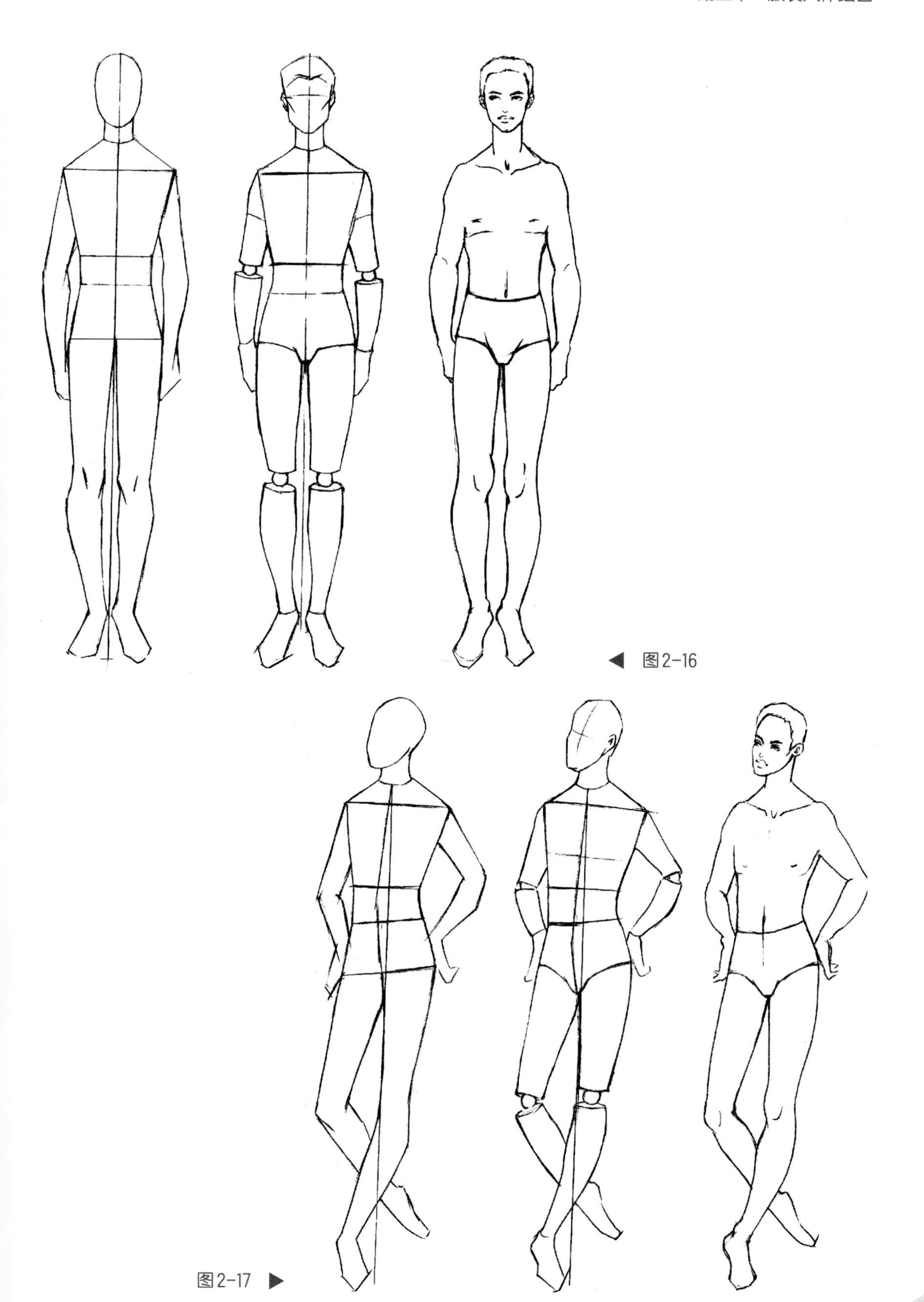

图2-16

图2-17

第三节　服装画人体的局部画法

一、头部

1. 头部的比例

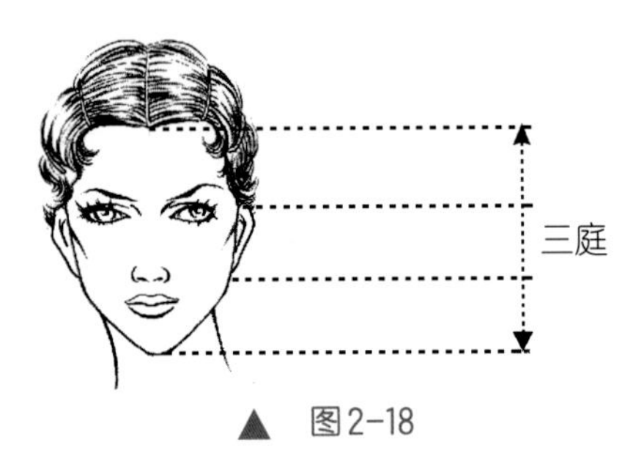

▲ 图2-18

头部正面比例为“三庭五眼”，侧面比例为长宽相等，呈正方形。

“三庭”即把面部长度分为三等份，从发际到眉毛为一庭，眉毛到鼻底为二庭，鼻底到下颏底为三庭。耳朵等于一个庭长，相当于鼻长。

“五眼”是指两个内眼角间距为一个眼睛长；外眼角到耳轮外侧为一个眼睛长；即面部总宽为五个眼睛长。

头部正侧面长宽比例，是从头顶到下颏的长正好等于从鼻尖到后脑外侧的宽。上下1/2处正好为眼睛和耳孔的位置，前后1/2处正是耳轮的前端（如图2-18所示）。

2. 头部的画法

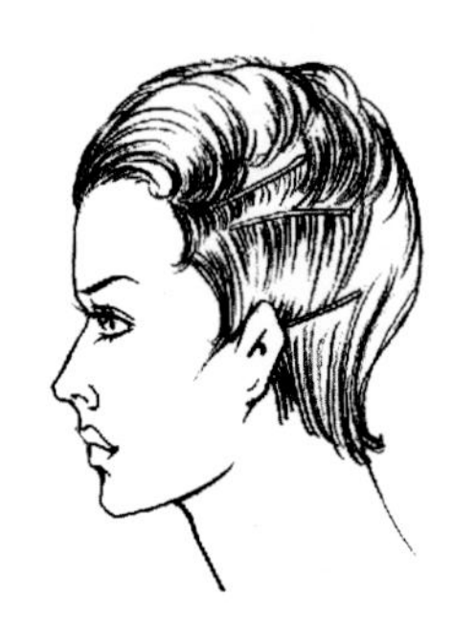

▲ 图2-19

人的头像一个蛋，在画头部轮廓时，可用一个蛋形定出头的大小和角度。注意蛋尖要朝下，画侧面角度时，下部要向前凸。确定了蛋形轮廓以后，再利用一条竖线标出面部正中线(鼻梁位置延长线)。同时延长“二庭”划分线，就可得出眉毛、耳的上下端点，鼻底位置和角度。也就是说：耳朵的长度与鼻梁长度大致相等，其端点都处在“二庭”线上。这种划分法，最适合画头部的3/4侧面和带有一定透视变化的头部。

以上步骤进行完了，就很容易确定五官的位置。

眼睛是在眉毛线稍下的位置，可先画一条稍长一点的横线，在与前中线相交的部位两侧定出内眼角，再根据其距离定出眼睛长度。鼻翼宽等于一个眼长，两嘴角距离略长于一个眼长。这样，就可根据定好的五官位置深入刻画。

定五官时，不要忘记带有一定角度的头部透视，其规律仍然是：近大远小，即距离我们近的那一侧五官略宽于或略长于另一侧五官（如图2-19所示）。

3. 头发的画法

画头发，首先要理解头发所构成的基本形态。头发是类似帽子般地覆盖在球形头骨之上的，而且具有自己的形体厚度。可以说，头发所呈现的基本形态取决于头骨的球形体。

头发有长发、卷发、短发等不同发型，画法也各不相同，常见的有分组法和线描法两种。

（1）分组法　适合表现烫发和盘结的发式，画法如下。

① 先画出外形轮廓，并分为几大组。

② 注意每组的发丝走向和形体特征，用较明确的线条画出，线条要有疏密、长短的穿插关系。切忌均匀分配线条。

③ 要整体地观察并区分各组之间的前后、主次关系，抓住重要的几组，以主带次，表现整体。

（2）线描法　适合表现短发和富于装饰味的发型，画法如下。

① 先定好外形轮廓，找出发际线的位置。

② 明确发丝走向，然后一根一根地画出来。要画得仔细、匀称、耐心，每根线条犹如一根发丝，不要中途间断，要从头至尾一气呵成。

③ 线条分配要均匀。紧贴头骨的发型，反映的主要是头骨的形态，外加几根走向清晰、富于代表性的线条以表现其特征。

长发发型，主要是抓住前额刘海儿和遮住两耳的最前侧头发边缘的形态特点。它们往往就像打开的窗帘一样，从前额向两侧分开。有时，能看到较暗的内侧。

卷曲的烫发，重点是分清主次和分组归类。一般是抓住最关键、最有代表性的几个卷(通常是前端的卷)，以带动次要的卷（如图2-20～图2-22所示）。

图2-20 ▶

来源于插画师
Helene Cayre

▲ 图2-21

来源于ZCOOL网
Mavsmen 插画作品

▲ 图2-22

二、五官的画法

1. 眼

眼睛是“心灵之窗”，要画得仔细，画出精神。

画眼睛，首先应了解眼睛的结构。眼睛是一个球状体，半球状的眼珠使眼球表面的眼黑部分较为突起。上下眼皮(眼睑)覆盖在眼球之上；双眼皮就好像覆盖了双层上眼睑一样多一层厚度。

眼睛最黑的地方往往是眼睫毛的投影和瞳孔；其次是眼珠和双眼皮处；下眼睑由于处在受光状态，颜色一般较浅。内外眼角稍有区别，内眼角朝下有泪阜，外眼角微朝上且上眼睑覆盖下眼睑。

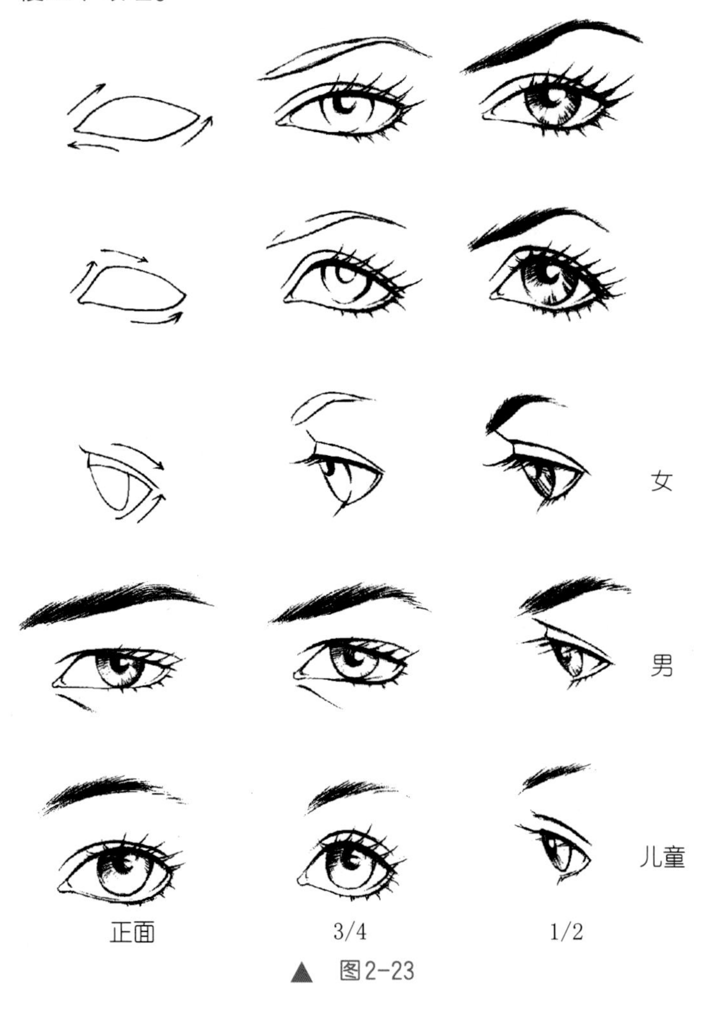

▲ 图2-23

画眼睛一般先在一条横线上定出内、外眼角的位置，以三庭五眼为依据，并画出眼窝的基本形状。正面的眼睛的基本形状为相对的两个呈倾斜的菱形；侧面的基本形状为三角形。正面眼珠一般画成扁方形或倒梯形，这是由于被上下眼睑包含了一部分所致。反过来说，眼珠的大小也反映了上下眼睑的开合程度。眼珠除画出最黑的瞳孔和睫毛投影外，还应留出高光和画出反光，以表现眼珠的晶状体质感和人的内在精神。同时，要注意两个眼珠的朝向要一致。

侧面眼珠要画成半球状，并利用睫毛表现秀美。

眉毛要画得简洁流畅。女性可表现得内宽外尖、清秀细长；男性要体现“浓眉大眼”的阳刚美，要表现得宽阔有力(如图2-23所示)。

2. 鼻

鼻子是由鼻根、鼻梁、鼻尖、鼻翼四部分构成的三角体，鼻翼下为鼻孔。

正面的鼻子一般画得很简略，否则就会喧宾夺主、冲淡眼睛的分量。大多只画出鼻孔，以反映鼻子的形体和位置也就够了。

侧面的鼻子却不容忽视，它的角度和形态，反映着一个人的整个面部长相是否优美。再画出一个没有关闭的圆弧来表现鼻孔，同时也反映着整个鼻子的形体特征（如图2-24所示）。

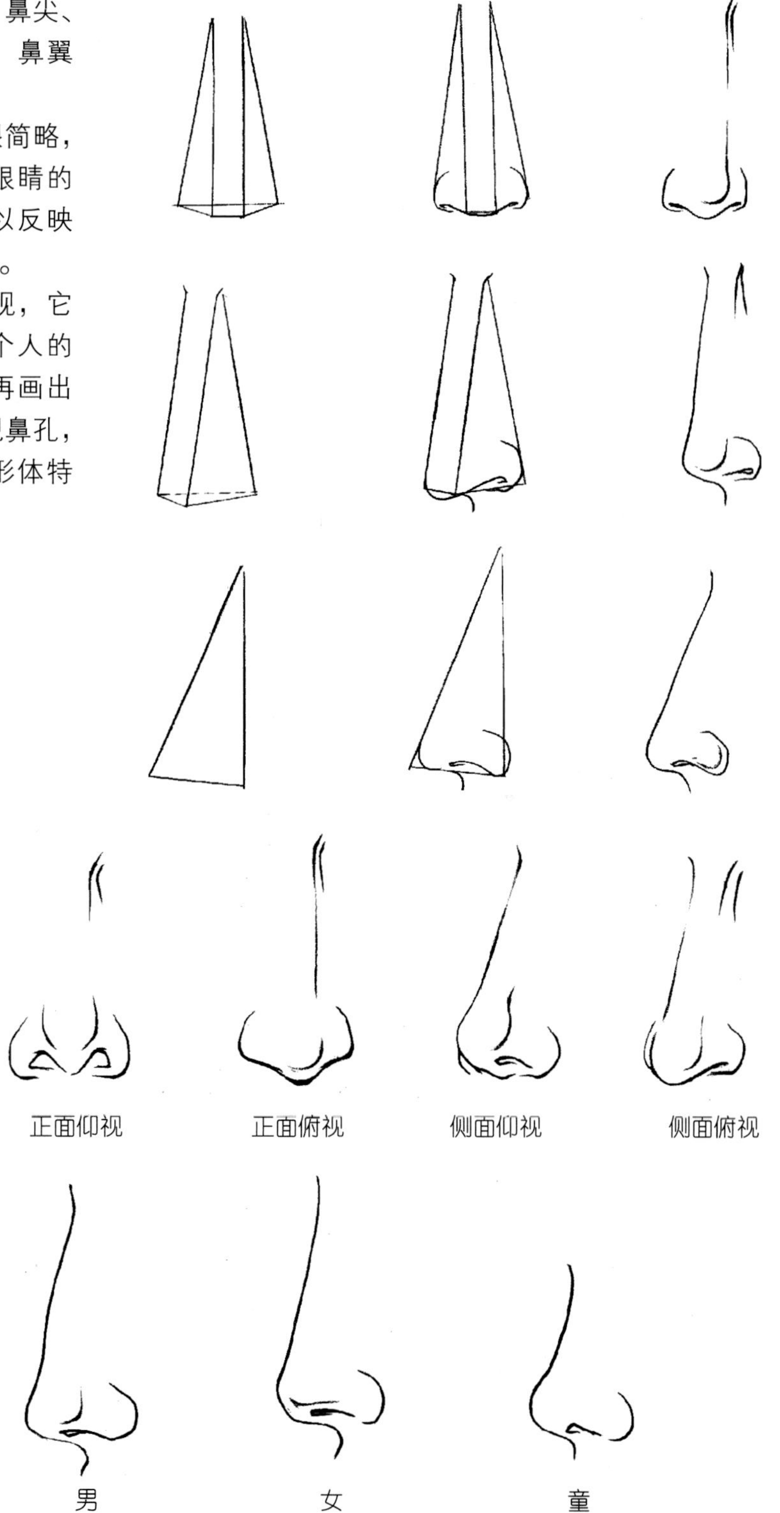

▲ 图2-24

3. 嘴

嘴处在圆柱体的牙床之上，分为上唇和下唇。两唇相合处为口缝，两唇吻合时，口缝似弓形，口缝两端称为口角。上唇上缘也像弓形，嘴唇下缘为弧形（如图2-25所示）。

画嘴一般较注重口缝、口角和上唇的位置及形状。可先以一条横线标明口缝位置，并确定口角以限定口缝的长度；然后画出上、下唇形态。下唇多强调中间宽度，而不把下唇两端画全，以保持嘴与面部的联系。这也是由于下唇多处于受光状态的缘故。上唇由于处在被光，一般画得较重、较实。口缝和口角则画得较细微，以表现人的面部表情。口角向上，表情愉悦；口角向下，表情严肃或悲痛。

侧面的嘴也和眼睛一样呈三角形，上唇突出于下唇。

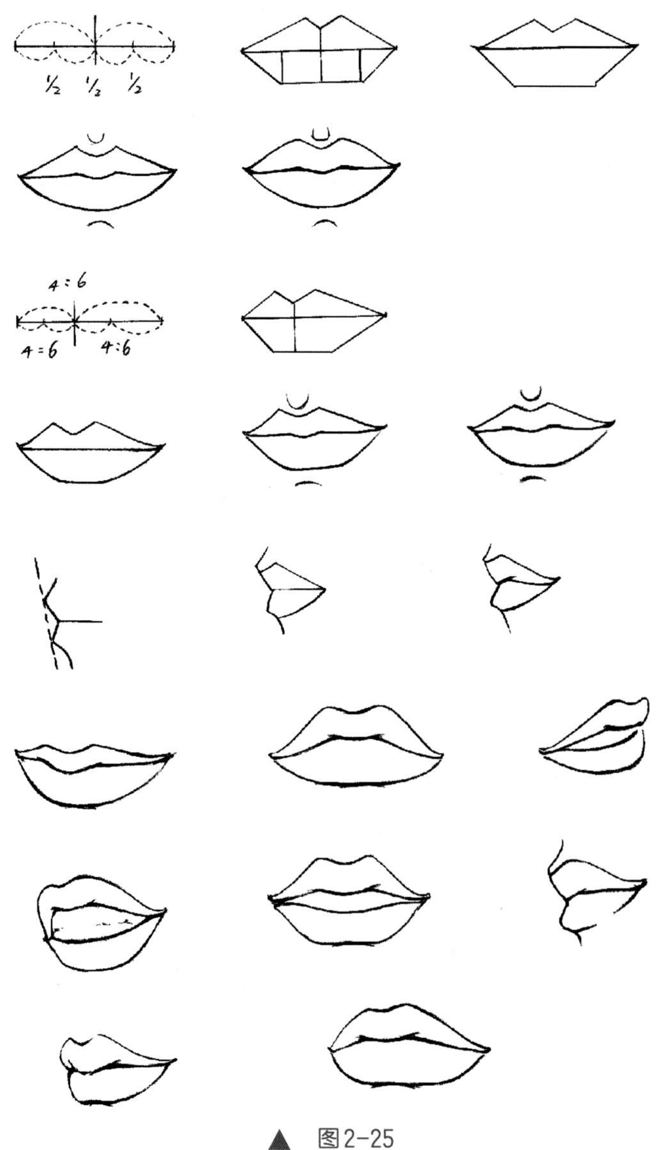

▲ 图2-25

三、手的画法

手是第二表情，它是用来衬托服装的。手的姿态变化万千。但是，由于时装画人物姿势的限制，手的姿势也有一定的规律性。

手包括腕、掌、指三个部分。

1. 手的比例

正面手掌长：正面手的中指长 = 4 ： 3，
正面手的中指长：手掌宽 = 1 ： 1，
正面手掌长：背面手中指长 = 1 ： 1，
拇指指头接近食指的中节，
小指头同第四指末一节相等。

2. 手的基本形状

手掌的形状近乎四方形，上粗下细，所以不要把它画得很圆，不要画得上下一样粗细。五根掌骨的排列，像折扇的扇骨一样呈放射形。手指的关节都在弧线上。手背的肌腱也呈放射形。从侧面看去，整个手的厚度是：手腕厚于手背，手背又厚于手指，像坡形一样慢慢地下降。手腕的宽度比手腕的厚度大一倍，在接近手臂的地方稍狭窄一些。手背微微拱起，靠近食指的地方最高，慢慢向小指一边倾斜（如图 2-26 所示）。

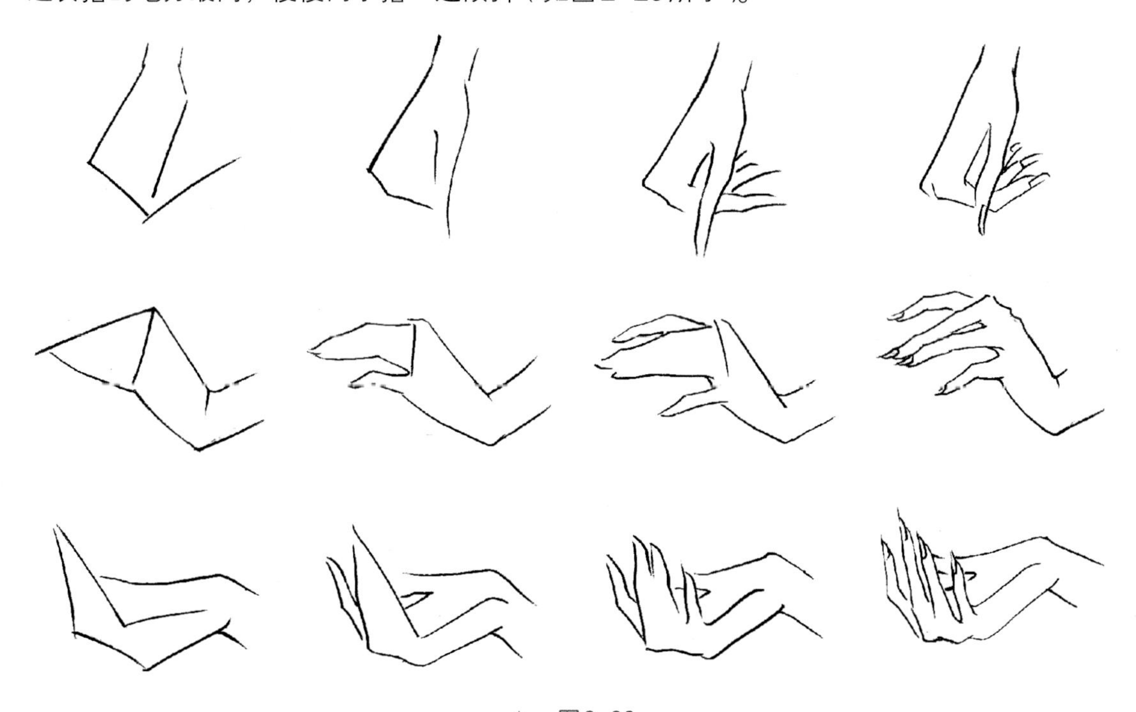

▲ 图2-26

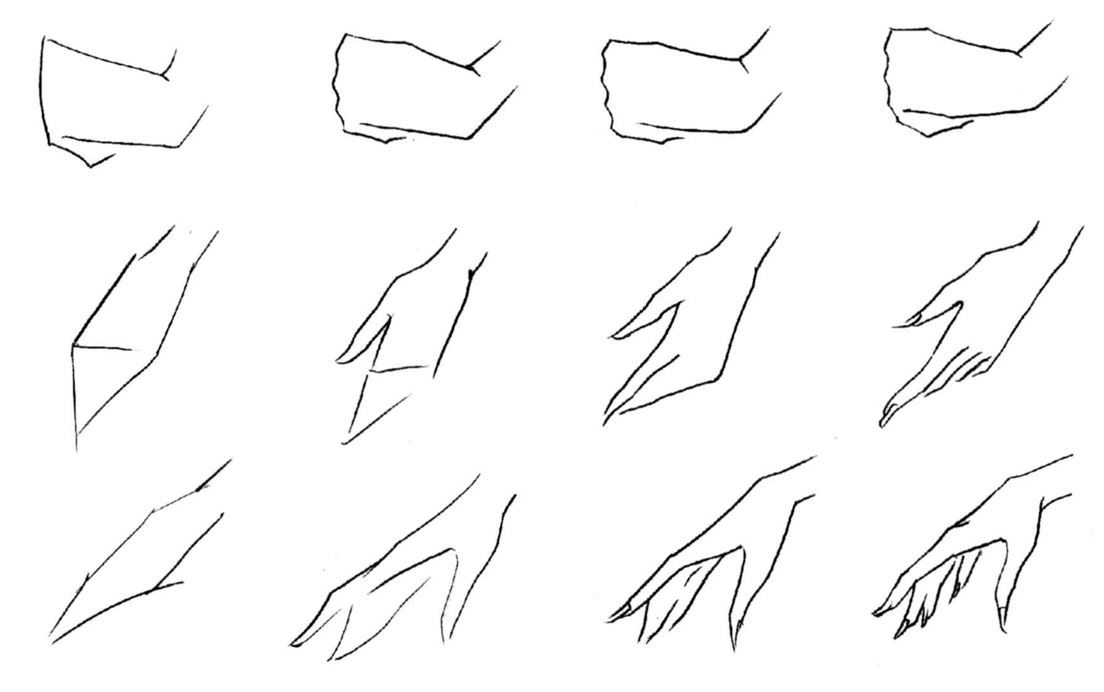

▲ 图2-26

▲ 图2-27

服装画上的手，主要为了衬托时装。有时为了表现衣服部位上有兜，可将手或手指插入袋内，以显示兜形；有时为了表现衣摆，手的动作可以抚摸衣摆或提起裙子显示底摆；有时为了表现时装的外在性格，并显示其潇洒，可以作叉腰、抚摸头发或帽檐等动作；在设计外出服装时，还可以使手做提提包动作，等等。在表现手的姿态时，可以用省略法，不必将每个手指一一描绘，用简单精练的几笔画出手的动势即可（如图2-27所示）。要想画好手并不难。首先要定出正确的比例，仔细地观察手的轮廓，手掌凹陷，手背凸出。为了达到时装绘画的要求，建议大家起码每天要从生活中画一只手。

四、脚的画法

脚的骨骼决定了脚的基本形状（如图2-28、图2-29所示）。

1. 脚的四个部分

① 踝部；② 脚跟；③ 脚背；④ 脚趾。

2. 正面画脚应注意几点

① 脚的内侧面较直，外侧面较斜。
② 内踝比外踝要高，也更突出。脚背成斜面，内高外低。
③ 大脚趾跟部宽大突出。
④ 五个脚趾都向内并拢。

3. 从内侧面看脚的特点

① 脚的内侧面有较大的凹弯。
② 大脚趾基部向外突出。
③ 大脚趾微微上翘，其余四趾头向内收。
从外侧面看，小脚趾的基部有一块体积较厚。

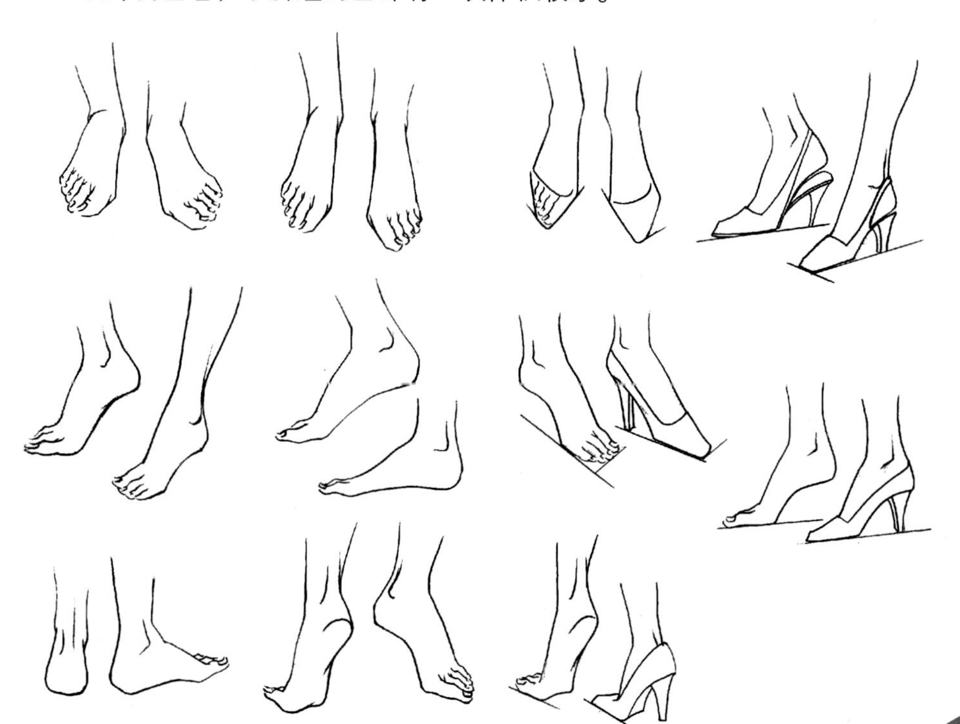

◀ 图2-28

▲ 图2-29

五、手臂的画法

① 手臂拉长长度，简化骨骼和肌肉的理想化形式。
② 上臂与前臂的长度相等，画法与腿部的画法相同。
③ 注意肌肉形成的自然曲线和肘部的形态来练习手臂外轮廓曲线。
④ 在对时装画手臂的前中线和后中线进行练习时，注意手的姿势变化。
⑤ 弯曲的手臂，注意前后之分，上臂和前臂的比例相同（如图2-30所示）。

◀ 图2-30

六、腿的画法

在骨骼和肌肉方面，时装画人体的腿部是真实人体的简化。

① 大腿要画得与小腿的长度比例协调，膝盖处于腿部的中间位置。

② 腿的前中心线要与腿部的曲线一致。

③ 大腿要比小腿粗。

④ 画关节时，尤其要注意与小腿直接衔接的部位。

⑤ 摆姿势时注意腿部曲线的方向和变化，腿的前中线与腿转动的方向相同。

⑥ 姿势的变化，承重腿的膝关节和小腿往上方向倾斜（如图2-31、图2-32所示）。

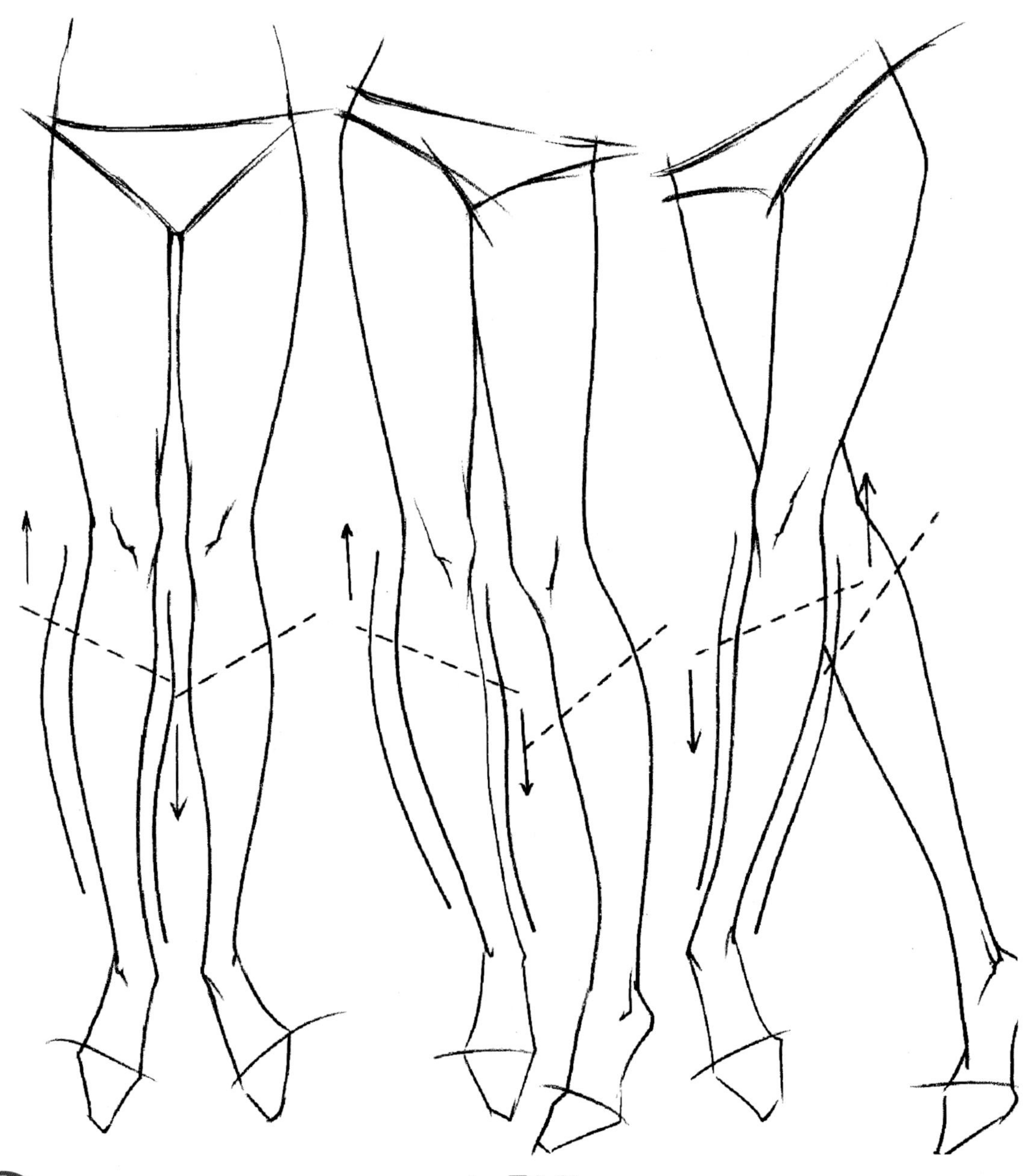

▲ 图2-31

▲　图2-32　腿部图例

人体图例见图2-33、图2-34。

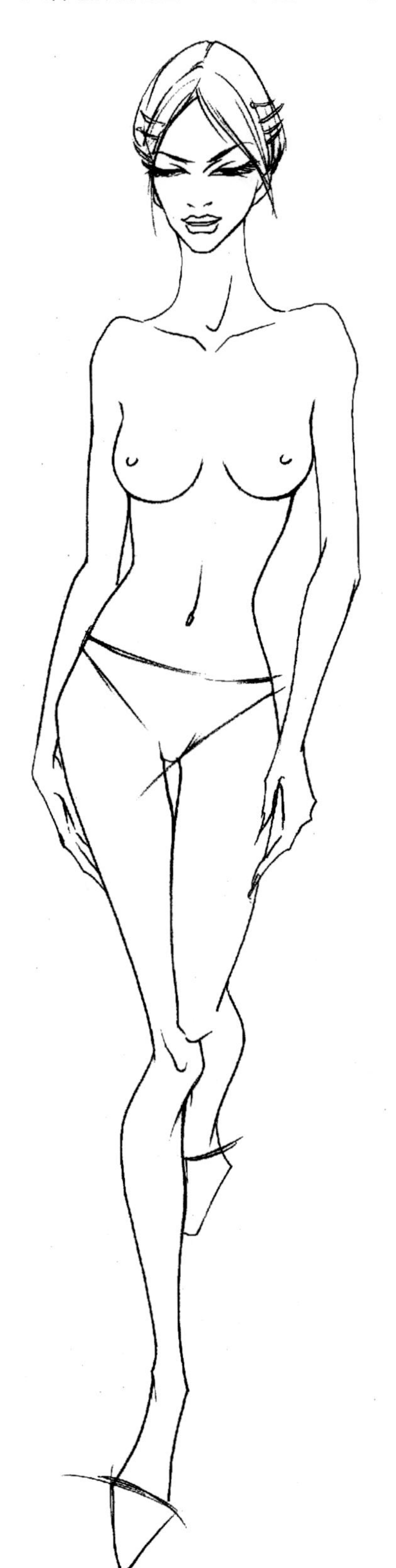

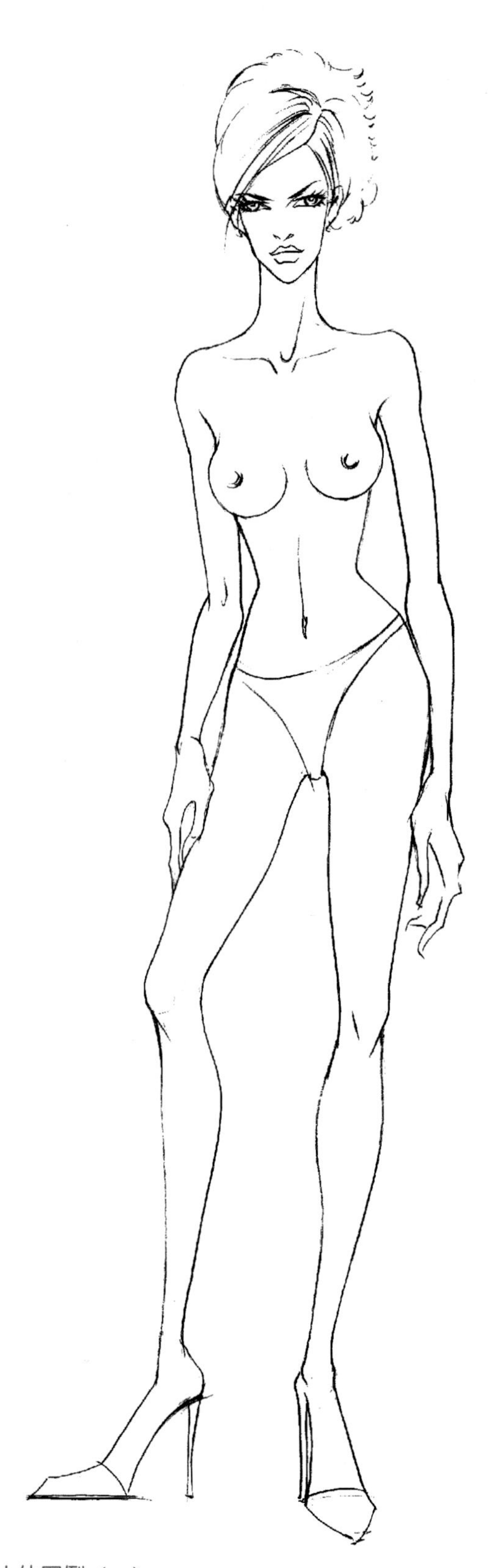

▲ 图2-33 人体图例（一）

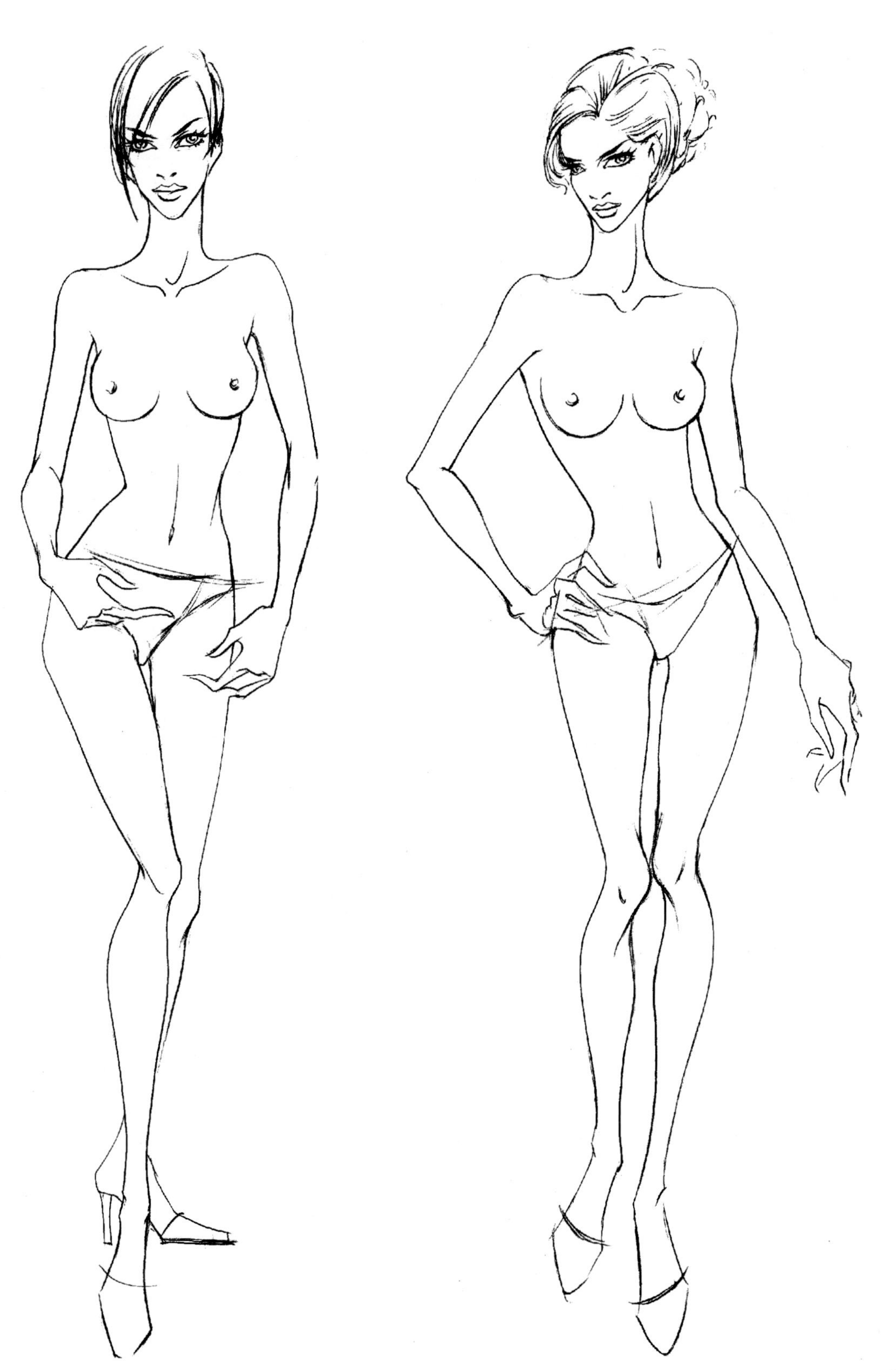

▲　图2-34　人体图例（二）

第三章　服装画中的服装造型

- 第一节　人体着装方法
- 第二节　服装造型的灵魂——衣纹

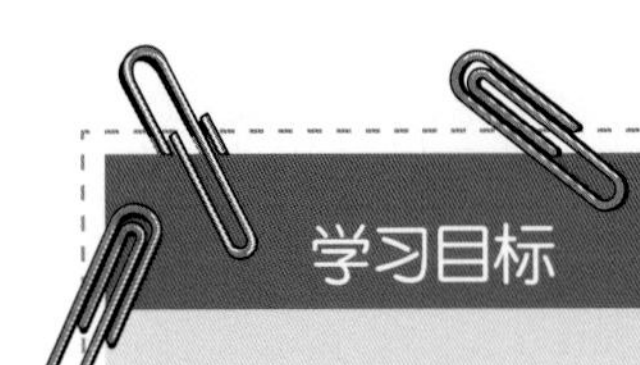

学习目标

在本章我们将学习如何把已经设计好的服装与人体完美地结合在一起，即如何表现服装在人体上的穿着效果。目的在于掌握服装在人体上套穿的基本方法，并熟练绘画各种衣服褶纹及服装细部。

第一节　人体着装方法

表现穿在人体上的服装造型时，初学者最易犯的错误是将服装造型与人体造型相脱离，其根本原因在于服装的结构线没有随着人体结构线的变化而变化，同时这也是由于基本透视错误造成的。以下将详细讲解表现服装造型时应注意的问题，并列举部分实例供大家学习参考。

一、服装结构线与人体结构线的关系

毫无疑问，影响穿在人体上的服装造型的主要因素是人体动态线。横向有肩线、胸围线、腰节线、臀围线以及两个膝盖点之间的连接线。当人体形成一定的姿态时，这些横向动态线必将有规律地发生倾斜变化，从而使得服装的外轮廓及内部结构等造型线发生相应的变化。

一般来讲，在时装人体中，我们将腰节线视为视平线，那么按照透视原则，从腰节以上部分我们简单地视为仰视关系，腰节以下则作为俯视关系来处理（如图3-1所示）。

◀ 图3-1

二、前中心线重要性

人体与衣服都分别具有自己的前中心线，它对于画好服装造型是至关重要的。衣服的前中心线自然依附于人体的前中心线，服装的所有细节均以人体的前中心线为参照（如图3-2所示）。

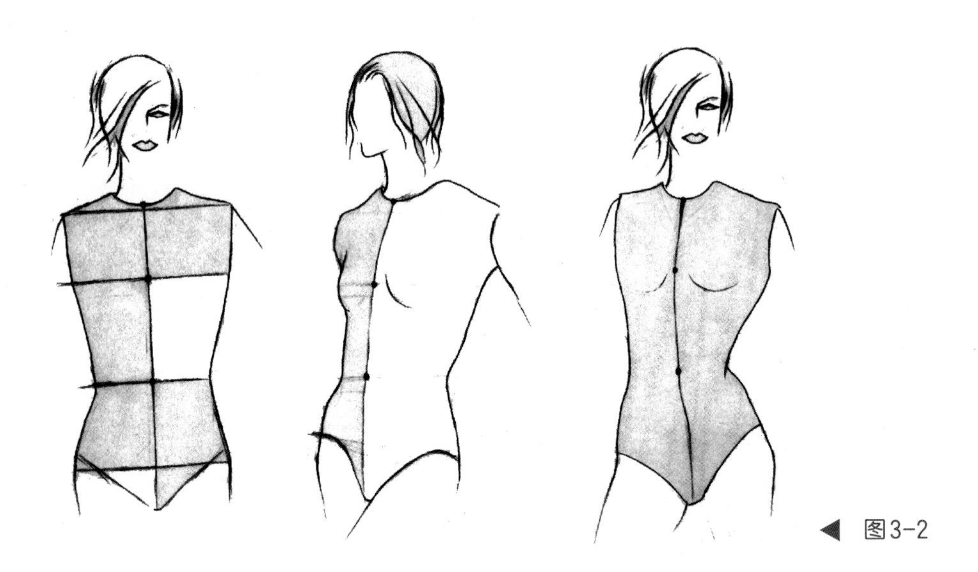

图3-2

门襟是前中心线的直接体现。需要注意的是，对于有扣子的衣服，位于中心线上的是一排扣子而非门襟线边缘。当双排扣时，中心线则放在两排扣子的中间位置。前中心线的起点是人体上的颈窝点，也是上衣领口的起点，而衣领又是上衣的主要结构。因此，确定好衣领的位置、结构及其透视关系，成为把握整个服装造型的关键（如图3-3所示）。

图3-3

三、人体着装画实例

在服装画中，不同造型的服装应当选择其适合的人体动态，以便更有利地表达服装款式的特点。正确的人体姿势可以增强设计师所要求的引人注目的效果，而不合适的人体姿势，会掩藏服装的形态和风格。比如较宽松的连身袖，往往会选择手臂展开的姿势。同时，对不同风格的服装，可以选择与之协调的姿势来匹配（如图3-4～图3-7所示）。

▲　图3-4

宽松舒适的毛衣外套适合比较自然放松，看起来比较随意的人体姿势。

▲ 图3-5

较为静止的姿势比较便于服装的表达，如果所示的姿势重心略有侧重，比较容易把握。

▲ 图3-6

走路的姿势比较适合表现柔软的丝绸服装，有利于表现面料的飘逸感。

▲ 图3-7

在实际的绘画过程中，只需把人体的基本比例、动态画准确即可，用笔宜轻，因为人体终将被衣服所覆盖，所以不必过分追求细节（如图3-8～图3-12所示）。

▲ 图3-8

▲ 图3-9

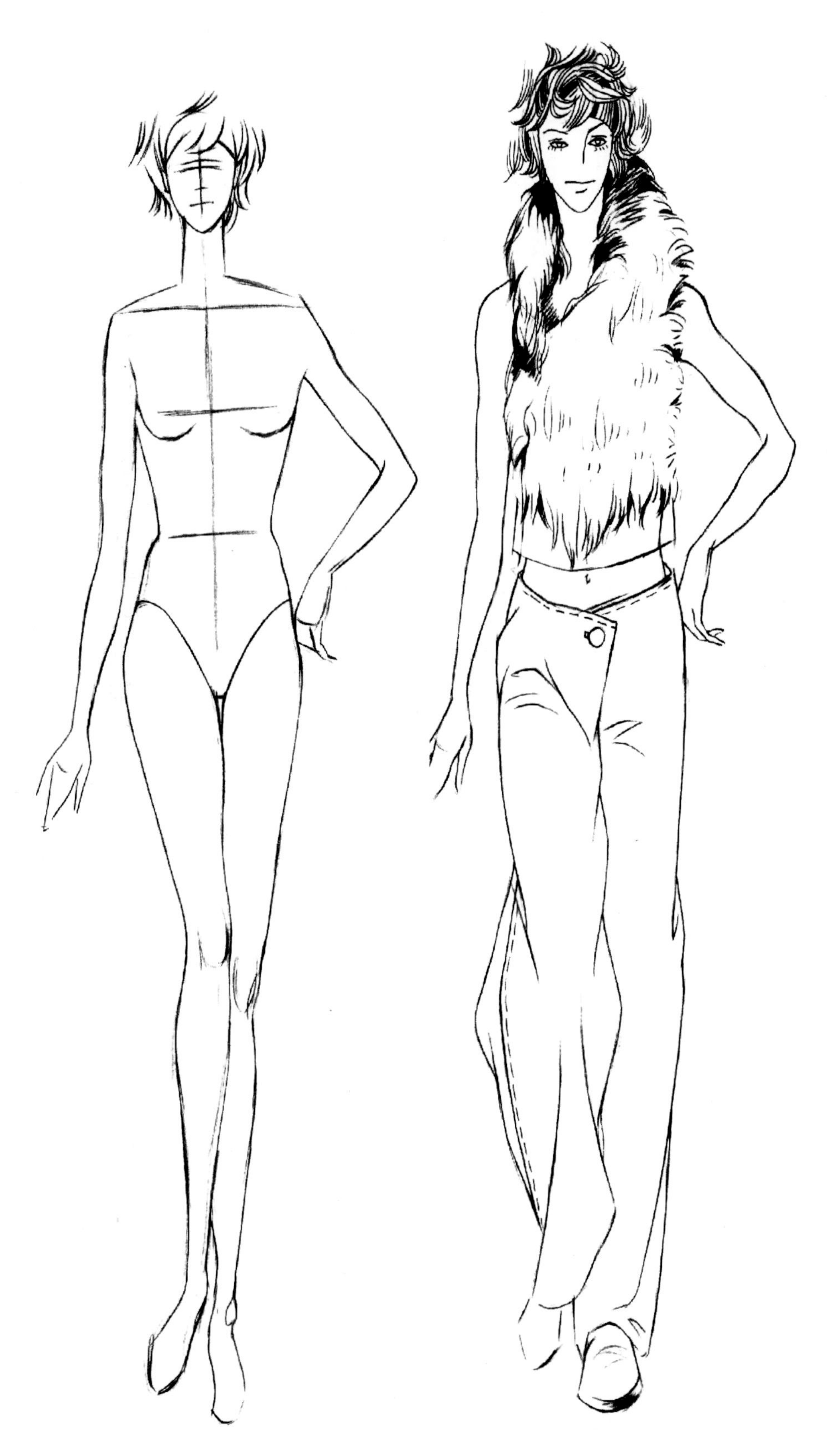

▲　图3-10

绘画：史海亮

▲ 图3-11

绘画：史海亮

▲　图3-12

在设计服装草图时，为了速度的需要，我们常常会选择非常简化而且比较夸张的人体动态，来粗略地表现服装的大致效果（如图3-13、图3-14所示）。

绘画：单卫超

▲ 图3-13

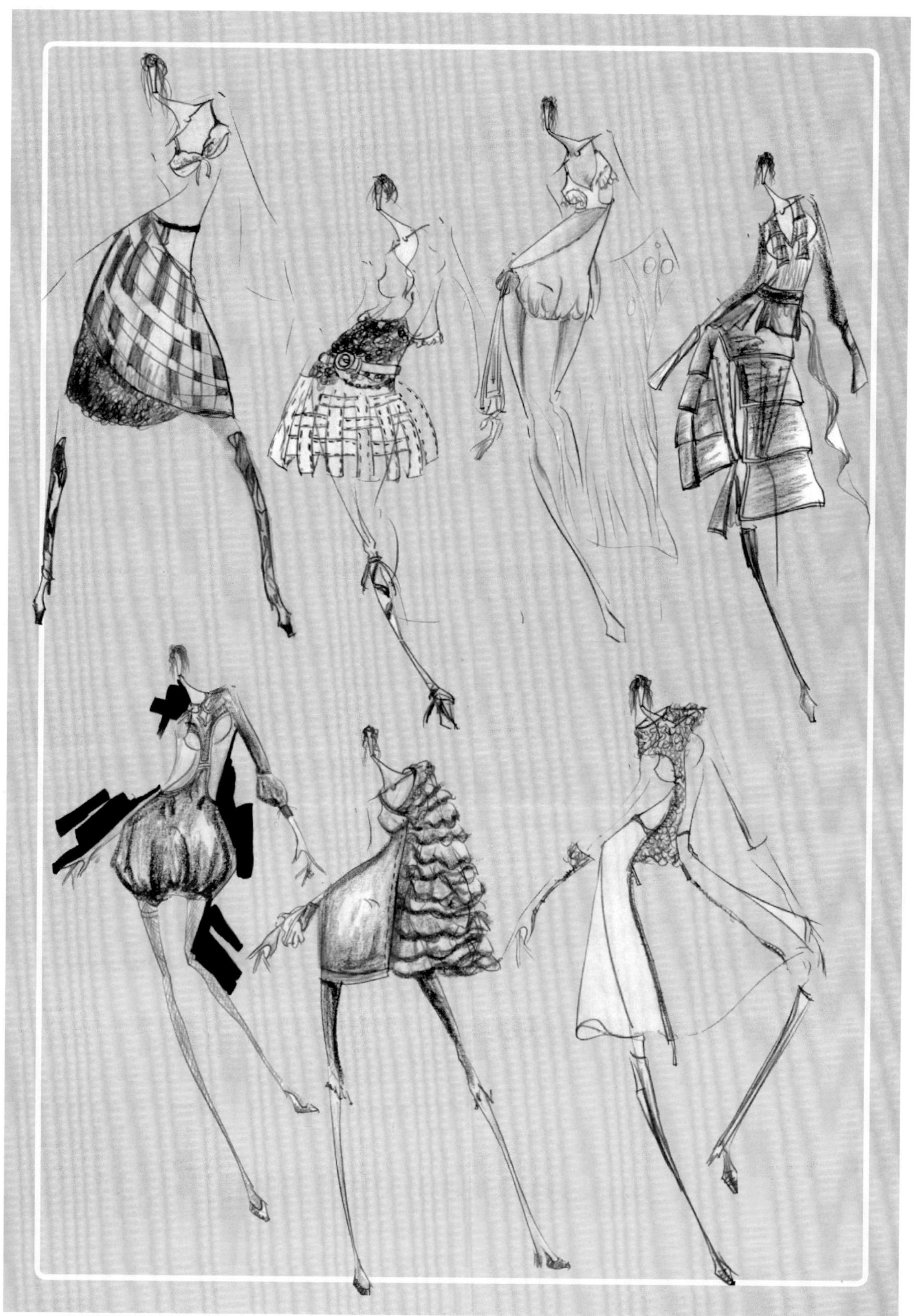

绘画：单卫超

▲ 图3-14

第二节　服装造型的灵魂——衣纹

服装被穿在人体上时，会随着人体姿势的变化产生不同的衣纹。反之，恰当合理的衣纹有利于表现人体的透视转折及结构变化。衣纹主要有三种形式：一是由于人体的动作而形成的褶纹；二是由人体支点而形成的悬垂纹；三是服装造型本身所具有的褶纹。

服装画中表现衣纹时，往往采用比较概括简练的手法，不必过分写实详尽。

一、由人体的动作而形成的褶纹

当人体的四肢弯曲、躯干扭转时，会产生不同的褶纹，同时由于面料的厚薄不同，褶纹的状态也不相同。

1. 手臂弯曲形成的衣纹

主要出现在袖子部位，当手臂弯曲时上臂部分袖子的面料贴紧上臂的外侧，内侧则离开上臂；以肘部为支点，袖子贴紧小臂的内侧，外侧则呈悬垂状态。袖子越宽松，面料越具有垂感，这种关系越明显。在臂弯处会根据衣服的宽松程度及面料的质感出现形态各异的褶纹（如图3-15所示）。

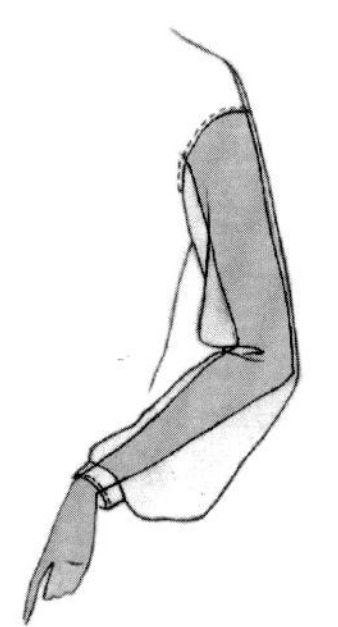

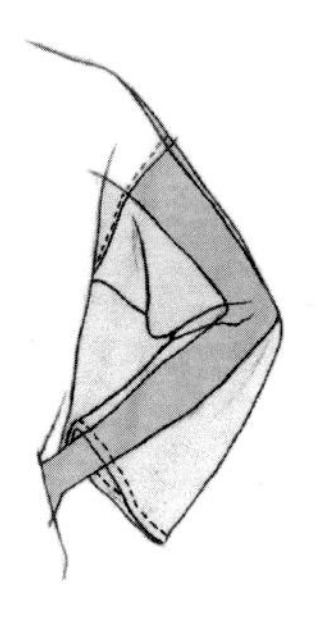

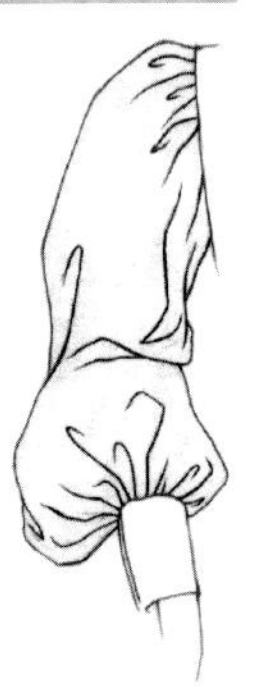

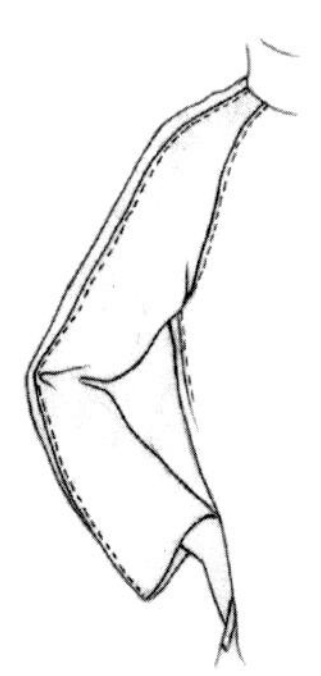

图3-15

2. 腿部弯曲形成的褶纹

人体姿势在站立时，往往会有一条腿微曲，在表现裤子时会在膝弯处形成褶皱，画裤子的褶皱时应注意简练，过多的皱纹会使裤子看上去又旧又紧（如图3-16所示）。

▲ 图3-16

3. 躯干扭转形成的褶纹

当躯干发生扭转时，服装也会出现动势较明显的褶皱，这种褶皱往往与人体的结构线穿插交接，有时也会配合影调来表现。我们也常常利用此褶皱来表现服装的空间感及体积感（如图3-17所示）。

图3-17

二、由人体支点而形成的悬垂纹

这里所说的人体的支点是指人体关键部位的结构点，比如肩点、胸高点、胯部、膝盖点等位置，它们是支撑起服装的关键部位，如果是比较柔软的面料，在这些部位会形成相当明显的下垂褶纹，且形成的普遍规律是：所有的褶纹都指向支点的方向。比如，当衣袖为装袖造型时，由于制作得比较合身和规整，褶纹会比较不明显，可能只会有一两条线的交叉。但当衣袖是宽松袖或连身袖时，肩点部位会形成明显的褶纹。对于有披绕效果的礼服会形成较细密且精致的褶纹（如图3-18所示）。

图3-18

女性人体胸部结构虽然有明显的凸起，然而却是圆润和平缓的，所以服装在人体的胸部虽然被支撑起来，却看不到一条褶纹，往往用影调的方式来表现，对于质感轻柔且比较宽松的服装，才会有几条褶纹出现（如图3-19所示）。

图3-19 ▶　图片来源：《美国服装画技法》

三、服装造型本身所具有的褶纹

黑色与紫色结合礼服
后中拉链款
正面款式图：
背面款式图：
立体结构
领子造型
里层此处
有分割线
0.3cm双明线
明贴拉链
2层对褶
不规则褶
6片分为12层
3cm对褶
向底摆动
逐渐消失
有侧缝
双层黑色面料
2层自然搭向前片
双层紫色面料

来源于王培娜

◀ 图3-20

女装造型中，省道、打裥、抽褶等造型手法对于形成女装造型中愉悦的节奏美感是必不可少的，形成了多姿多彩的女装结构变化。

1. 抽褶及伸缩缝纹

抽褶用到的方位很广泛，比如裙子、领口、袖口、衬衫下摆或在分割线上；伸缩缝纹就是用缝线或松紧带将面料抽缩在一起，在面料放开的部分往往会形成抽褶纹。在绘画时先用波浪线条表示松紧线的线迹，然后再画出细密的有一定韵律的皱褶（如图3-20～图3-22所示）。

▲ 图3-22

◀ 图3-21

2. 褶裥

褶裥是指面料上被有规律地压平的褶纹。当然，也可以不压平，直接固定在缝线上，或者在上面缉明线，褶裥用在女裙中较多（如图3-23所示）。

▲ 图3-23

3. 荡纹

荡纹主要出现于披绕服装中，它或缠绕、或垂落在人体上，形成流畅柔美的外观。比如荡领，是由面料余量垂落形成，垂纹会互相穿插勾连，有深有浅（如图3-24所示）。

而对于披绕式服装，大块的面料形成垂纹，所有的垂纹往往会汇集到一个交点，看起来轻松自然（如图3-25所示）。

源于王培娜

◀ 图3-24

▲ 图3-25

4. 荷叶边

荷叶边是将面料先进行抽褶，然后用缝线固定在某一合适的部位，形成褶边，方向可以改变（如图3-26所示）。

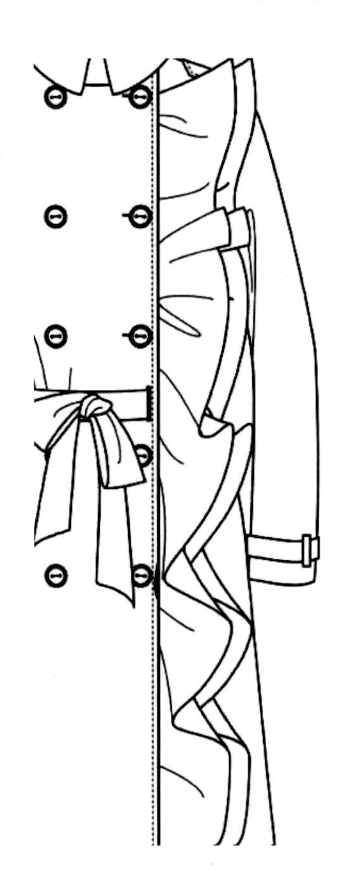

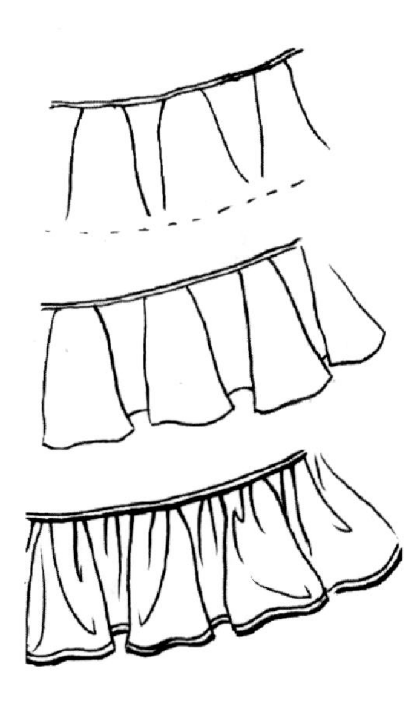

▲ 图3-26

第四章 服装画的平面款式图

- 第一节 服装平面款式图与服装设计
- 第二节 服装平面款式图的绘制

学习目标

通过对服装平面款式图绘制的要求、便捷的方法及主要的表现形式作深入地剖析，使学生学会服装平面款式图的绘制。

第一节　服装平面款式图与服装设计

一、服装平面款式图的特点和要求

服装平面款式图也是服装画的一种，是服装款式的图解制图，即服装平面图，是服装行业中除效果图外的另外一种表现服装的形式。可以形象地讲，就像将一件衣服平放在桌面上来研究其形状和结构细节，可以使任何参加服装设计和制作生产的人员都能清楚地看出所绘服装的款式造型和结构细节，能够在最短的时间内传递最多的信息，为服装的生产与管理提供完整、科学的图形依据，是连接款式设计与结构工艺设计的说明形式，是连接服装制造商与缝制工厂的重要情报文书，是服装跨国贸易中最通用的交流语言。不管是在艺术创作还是成衣生产及销售中，服装平面款式图贯穿整个服装设计过程中的始终：是设计师直观生动地向设计对象展示其设计构思的最简便的形式；是样板师进行样板设计的直接依据；是服装制作时最有效的指导工具（策划书和工艺单的制作中离不开服装平面款式图）。

因此，熟练地绘制精细、准确的服装平面图是服装设计人员必须掌握的一项基本技能，在大中专院校及职业技能学校中，服装平面款式制图虽然已经成为一门独立的课程，却欠缺这方面的教材，因为服装平面图的绘画被视为一个很简单的过程。然而在实际的教学中，却发现学生的学习是有一定困难的，在初学时往往会无从入手，特别在比例的掌握方面难度很大，同时在绘制服装细节时也会出现很多错误。因此，本章总结了服装平面图绘制的基本要求、方法等，对服装平面图的学习将有所帮助。

二、服装、服装效果图和服装平面款式图

绘制服装效果图是表达服装的重要手段，因此服装设计者需要有良好的美术基础，通过各种绘画手法来体现人体的着装效果。重在强调设计的创意要点，强调款式的风格。服装效果图可用多种绘画方式加以表达，可以灵活利用不同画种、不同绘画工具的特殊表现力，表现变化多样、质感丰富的服装面料和服饰效果。并可以进行夸张及变形，极尽绘画之能事，展示给读者的往往是服装最美好的形象，既充分体现设计意图，又给人以艺术的感染力。在时装画中创造出来的曼妙意境，往往会使人忘记时装画对时装设计而言还只是一个远远没有到达终点的驿站。时装画中的人及其服饰，往往是唯美的，比服装实际形象更远离现实。有一些看起来灿烂辉煌很招人喜欢的时装画，再看根据其做出的服装实物，就使人禁不住有点失望。

由此，服装平面款式图的存在便有了更加真实可信的意义，平面结构图可画出服装的平面形态，包括具体的各部位详细比例，服装内结构设计或特别的装饰，一些服饰品的设计也可通过平面图加以刻画。服装平面款式图明确提示整体及各个关键部位的结构线、装饰线及裁剪与工艺制作要点。一般准确工整，各部位比例形态符合服装的尺寸规格，一般以单色线

勾勒，线条流畅整洁，以利于服装结构的表达。

三、服装平面图的比例、要求及表现内容

1. 比例

a. 穿着形态

b. 将三个单件层叠固定后，可发现每一件衣服相对于其余两件的比例关系：外衣具有宽大的外形，背心是最小、最合体的一件，短裤是中间的一件

服装平面图的比例包含两方面的含义，下面分述之。

① 在一组平面图中不同的服装存在着尺寸上的联系。比例在平面图中是非常重要的，因为正确的比例能在平面图中直观地反映出一套服装各个款式之间的搭配关系，也正因为如此，平面图的各组件必须使用同一比例尺寸。从图4-1中表现的一套服装中三个组件之间的比例关系，我们可以得到这样的信息：宽松、长及臀部衬衫；合体及腰背心；宽松A形短裤，能够体现出在人体上的穿着形态。

◀ 图4-1

② 平面图所表现的各个款式中各个局部之间必须有准确的比例关系。

各局部的比例关系包括衣身的胖瘦、长短；领线的深浅；领型的大小；袖子的长短、宽窄；裤腰的宽窄；下摆的张度；裤口裙摆的大小；口袋的位置、大小以及其他细节等。只有正确的比例尺寸才能够完整准确地反映出服装产品的形象，即款式特点——最终穿在人体上的外观效果；才能够为板型师提供准确的打板依据。

通过图4-2中提供的相同长度的大衣平面图的比较，能正确反映其不同的款式特征。

a. 合体、窄腰、腰节偏上、窄肩、窄袖

b. 宽松、直身、宽肩、宽袖

▲ 图4-2

2. 服装平面图应表现的内容及要求

① 应能够准确反映服装款式特点，这当然依赖准确的比例尺寸及娴熟的绘画手法。

② 应能够准确表现服装的外部轮廓及内部结构，比如外形曲线和内分割线的处理（如图4-3所示）。

③ 在服装平面图中，服装各局部设计必须被表现得准确到位，比如袋型、领型、袖型、门襟及扣位指示等（如图4-4所示）。

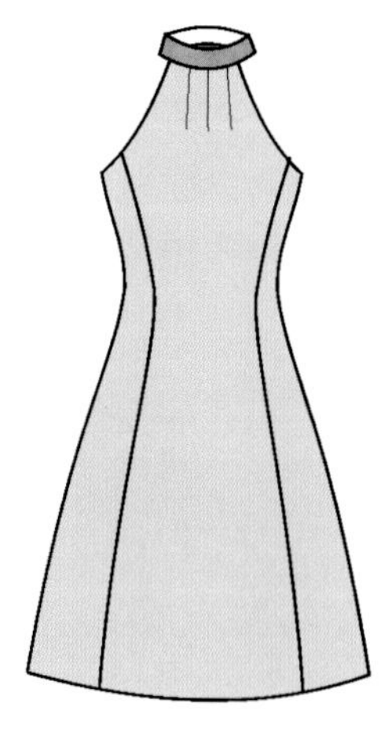

▲　图4-3

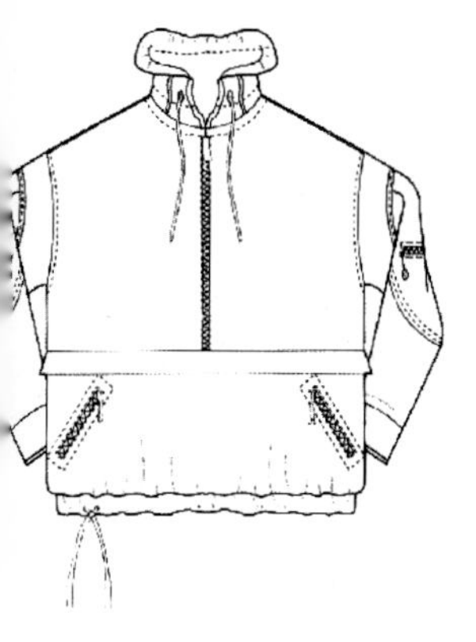
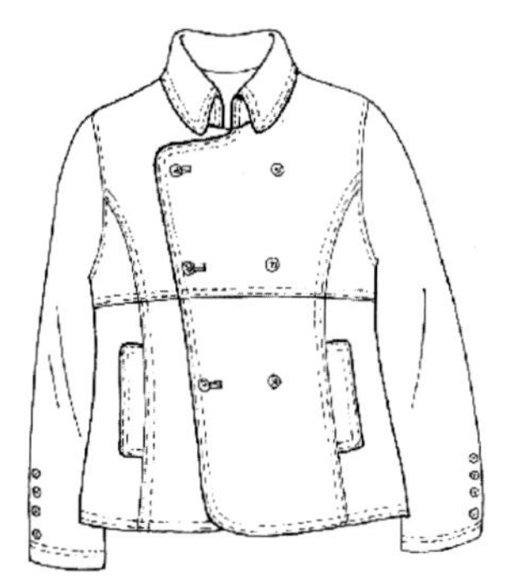
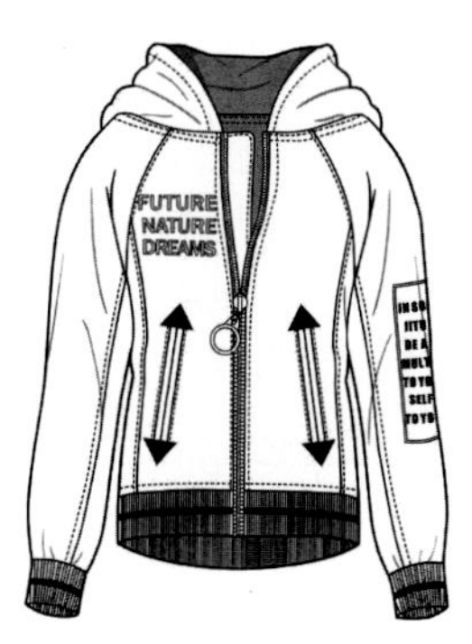

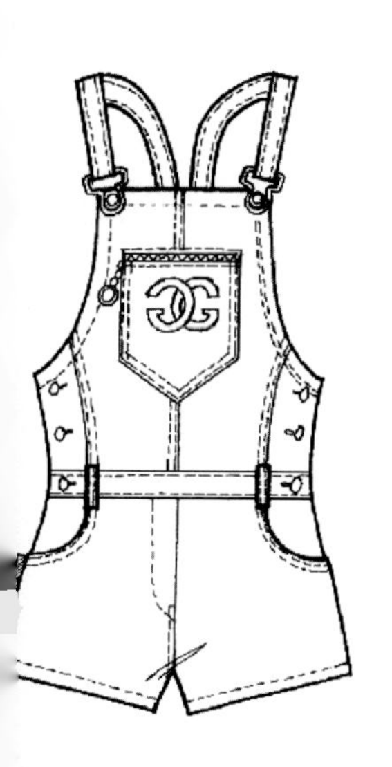
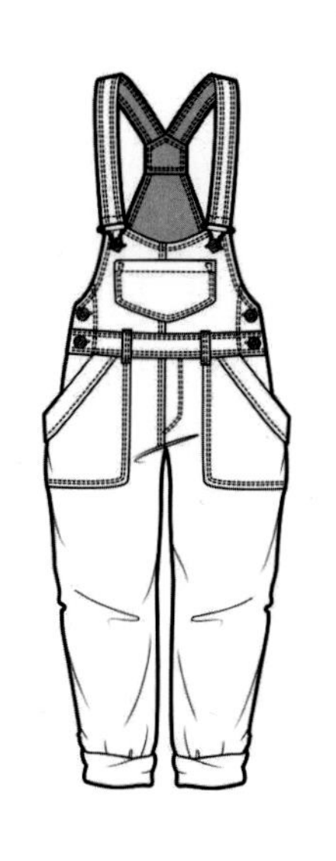
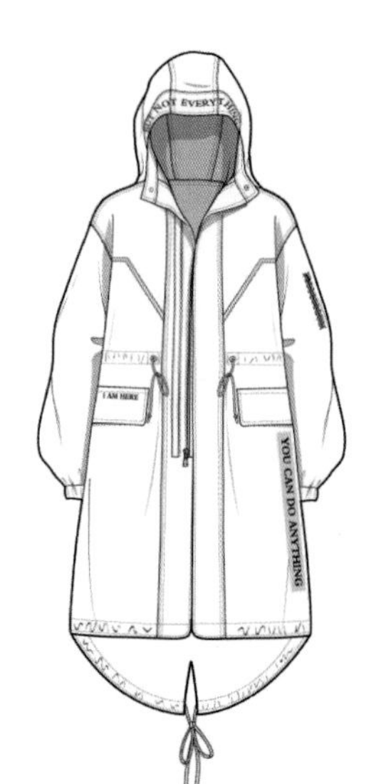

来源吴泉宏

▲　图4-4

④ 应清楚地表达服装的特点结构与工艺处理手法，必要的情况下可以对某一细部做放大图。比如线迹指示及褶、裥的处理等。如果服装的某一个细节不能在平面图上描绘清楚，则可以在旁边画一个放大图，主要用在交代工艺细节时（如图4-5所示）。

而缝线线迹可以用长虚线或短虚线来表示，有时也会用到细实线，但一定要注意是否会被误认为滚边。

▲ 图4-5

⑤ 在平面图中应介绍服装背面的款式形态，即需要画出服装背面平面图，必要的时候还应画出里面图样。为了表现服装里面的结构形式，比如上衣的门襟、衣摆及裤子的门襟等，有时会将门襟打开，以便表现得更清楚。

背面图的大小一般跟正面图大小一致，但有时为了构图的需要，也会缩小一些。在构图方式上，可以与正面图并排，也可采用上下错位的方式。背面图也可以被正面图覆盖一部分，但要确保重要的信息不遗失（如图4-6所示）。

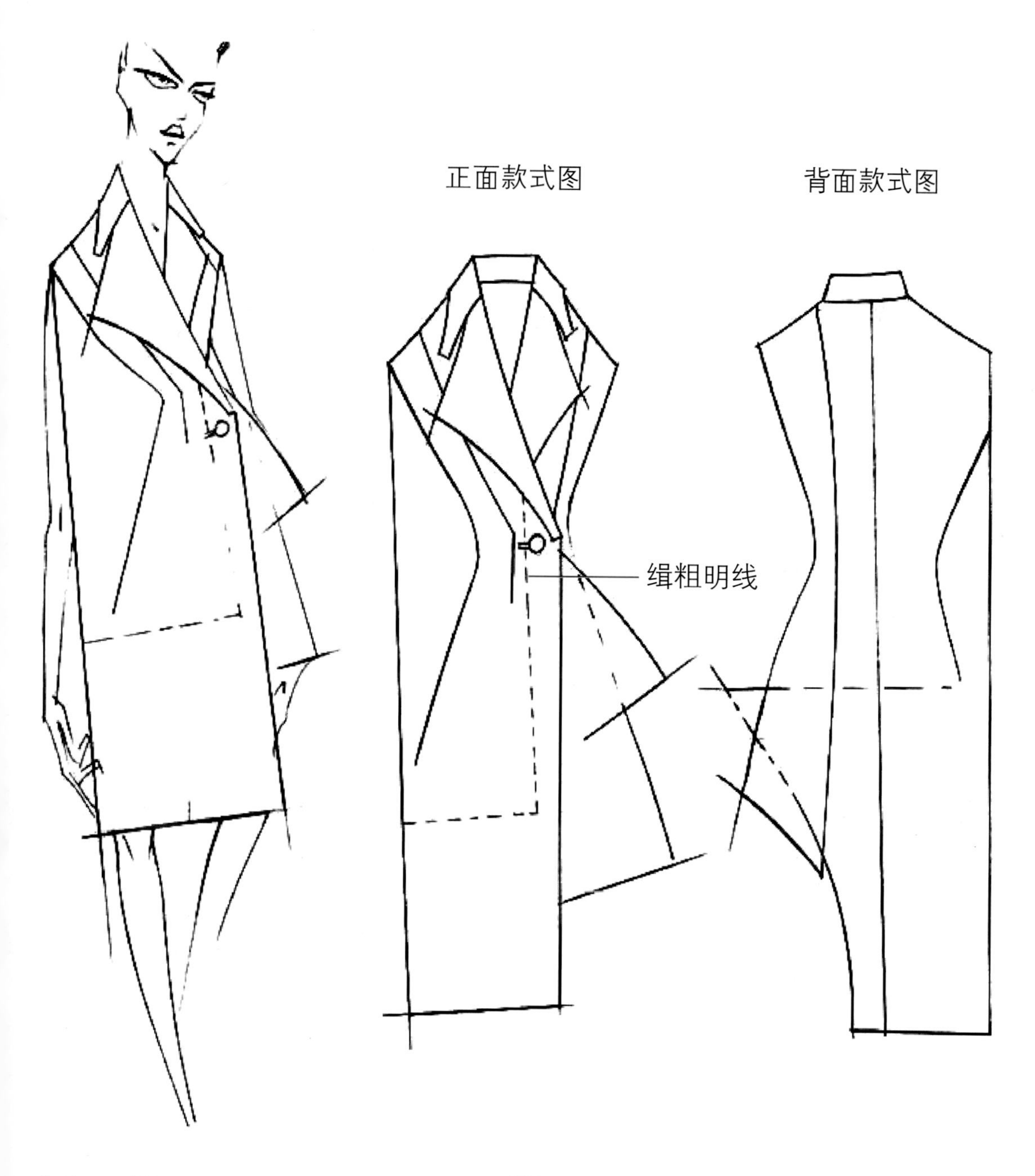

作者：王培娜

▲ 图4-6

四、平面结构图常见的表现形式

绘画风格

平面结构图常见的绘画风格有以下两种。

① 一种是常借助尺子绘制的非常规范、整齐的绘画风格，一般电脑绘画常会出现如此风格（如图4-7所示）。

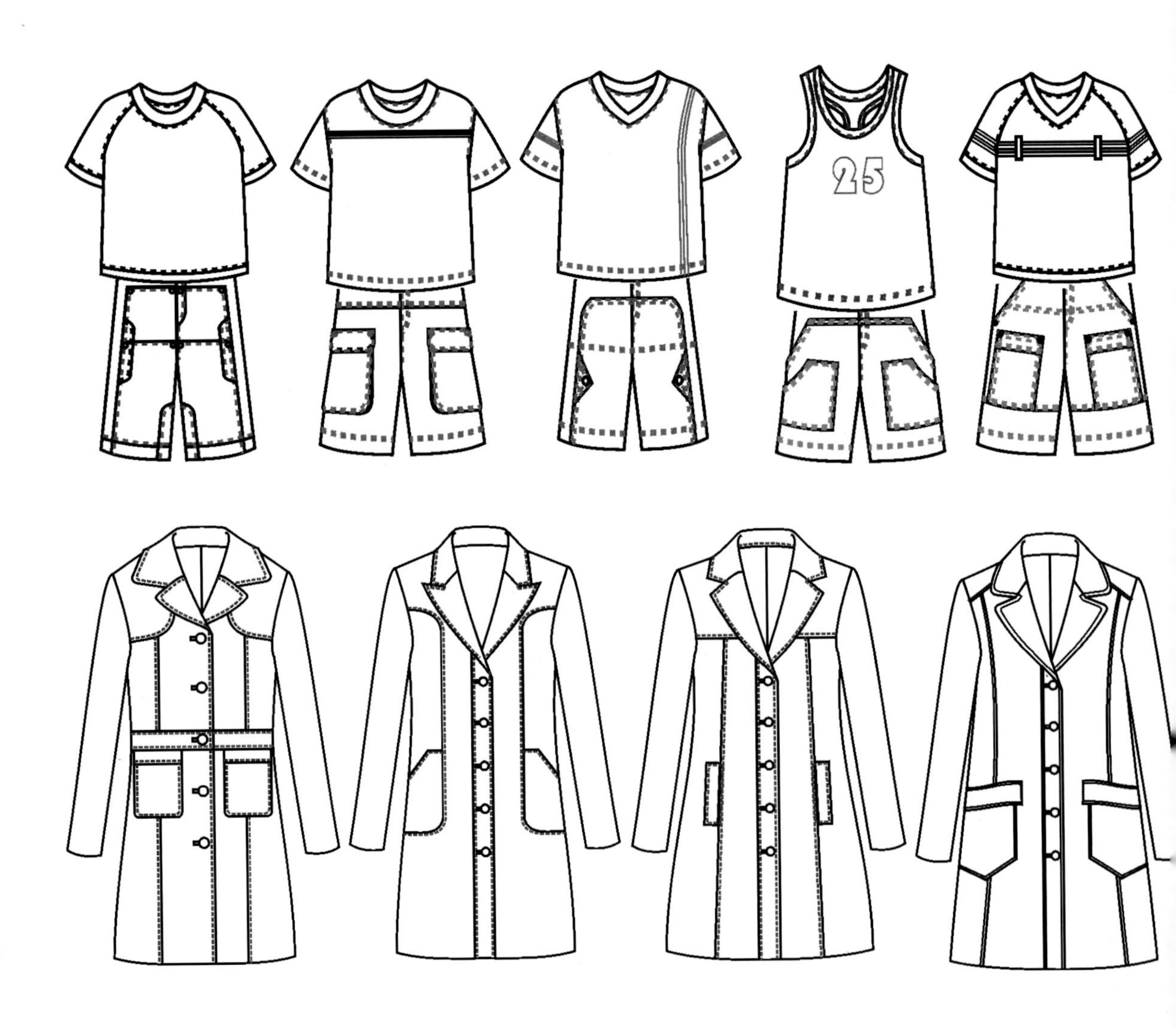

▲ 图4-7

② 另一种是徒手绘制的较为自由、生动的绘画风格（如图4-8所示）。我们可以根据服装款式的不同来选择运用何种风格，另外绘画者性格的不同，必然会形成绘画风格的差异。

▲ 图4-8

不管是何种风格的服装平面结构图，为使内容表现得更加丰富、清晰，可以对单线勾勒的平面图进行润色，其手法有很多，比如：用灰色笔表示阴影；加粗主要轮廓线；有疏密地添加衣物的肌理、图案等（如图4-9所示）。

▲ 图4-9

第二节　服装平面款式图的绘制

一、使用正常比例的人体模板作为绘图的参照

在平面结构图中，允许以辅助工具的运用来提高制图的速度及精确度。在绘画一些较直的外形线时，如袖长、外形线，大衣、裤子、裙子的边缘侧缝线等，完全可以用直尺来完成；当绘画圆顺的弧线时，也可以借助曲尺。同时为了能够轻松快捷地掌握恰当的比例，我们可以借助模板。在经过大量的练习之后，具有了自主地掌握比例的能力，就可以徒手绘画了。

你可以将图4-10所提供的人体直接拷贝下来应用，也可以上下分开分别制成模板（如图4-11所示）。我们将在下面学习如何利用模板进行绘图。

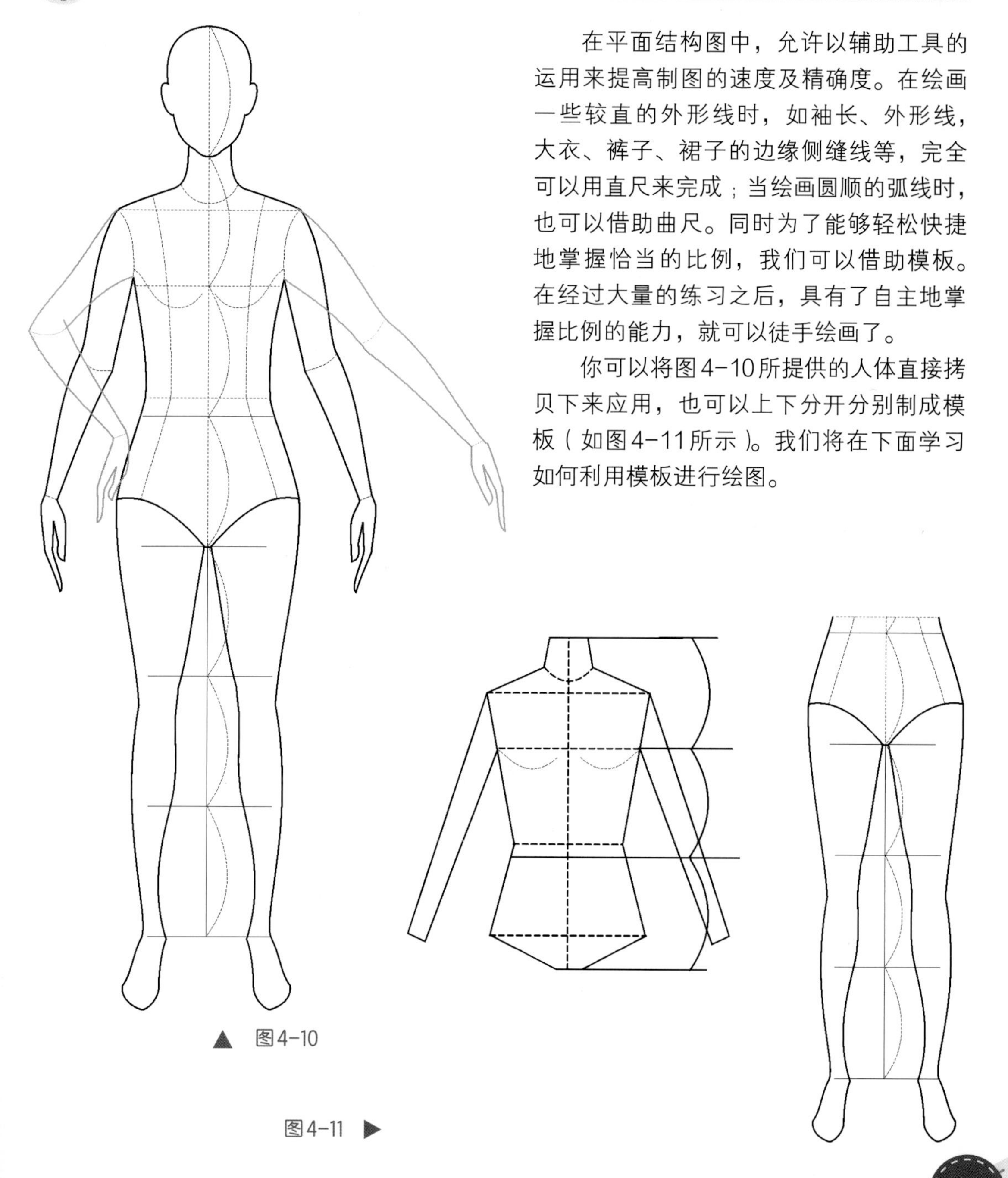

▲ 图4-10

图4-11 ▶

二、服装各部位的绘制

服装除外形轮廓外，还包括领子、袖子、门襟、口袋、腰头等局部造型，而一些服装的细节都体现在这些局部当中，要想画好款式平面图，掌握服装各部位的绘画技巧是非常重要的。以下将针对领子和袖子作详细的讲解。

1. 领子

领子是整件衣服中目光最易接触到的部位，同时领子在上衣各局部的变化中总会起主导作用，因此领子的设计和绘画是非常重要的。

（1）无领　实际上就是只有领线的设计，它的形状基本不受结构上的限制，可以随意地进行设计，在画平面图时，最关键的一点是确定领宽与领深，难点在于表现出领口的工艺方式及与衣身结构的结合。

平时我们常把领型分为圆领、v形领、方形领、一字领、露肩领等。不管何种形式的无领，都可以在前面我们制作的模板上随心所欲地画出来（如图4-12所示）。

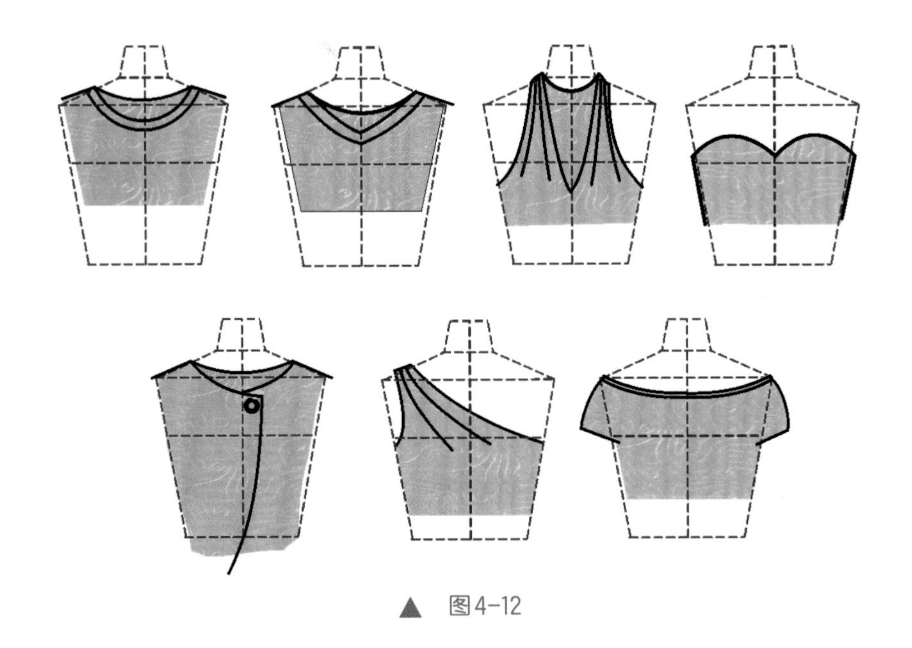

▲ 图4-12

（2）立领　领子有各种造型，从小巧的立领到拢过两肩的大披肩领，可以平滑低伏，也可以高耸重叠，变化很多。其中立领最易表现，因为它无需翻折，结构简单，绘画时只需在设计好的领线上往上画出领子即可（如图4-13所示）。

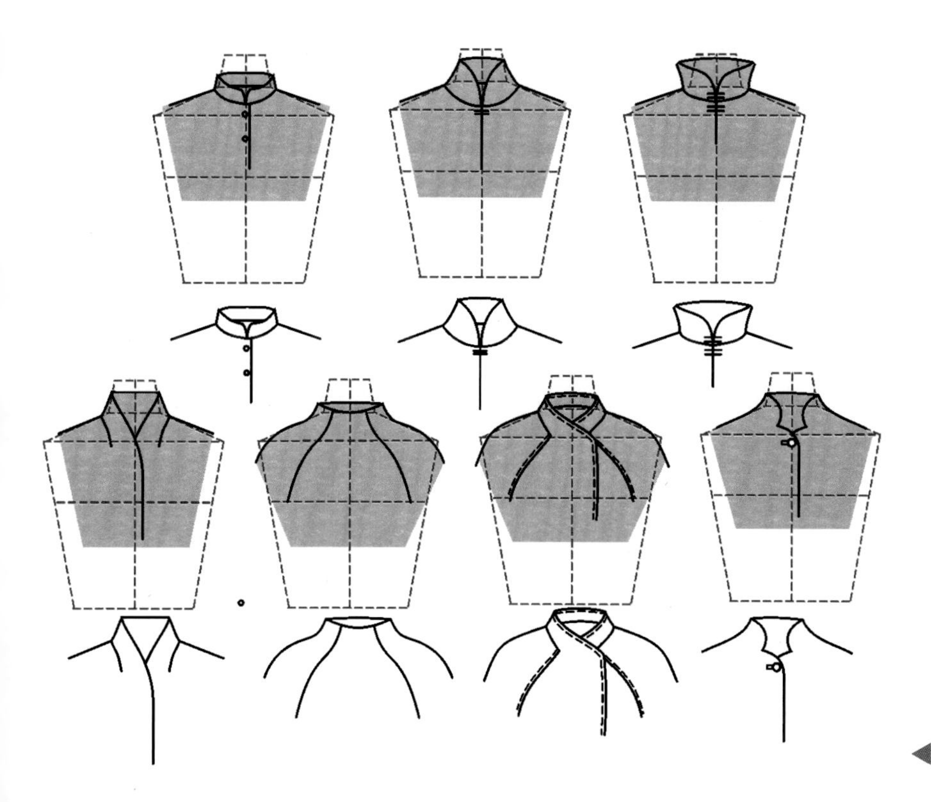

图4-13

（3）翻领

① 翻领的外观。理解所有翻领（任何尺寸和款式）的共同原理是很重要的，从外观上看，翻领主要由领底线、翻折线、领面、领里以及领台（领子竖起的部分）构成（如图4-14所示）。

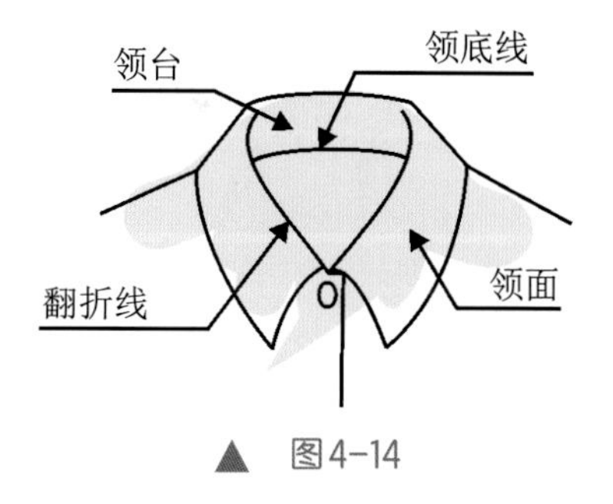

图4-14

其中，领台的高低变化取决于领子的款式，同时领台的高度又决定了领面侧面的斜度（如图4-15所示）。

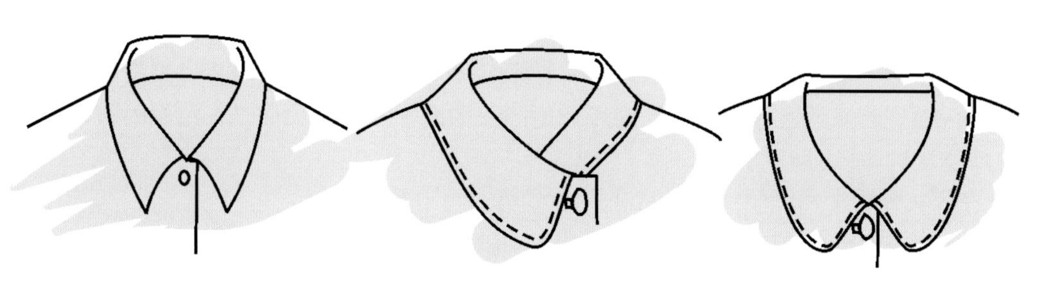

图4-15

领底线也可叫作领口线，只看到后片部分，前片被遮住，后领底线会由于领子翻折的原因向上弯曲，领台越高，曲度越明显，近乎没有领台的平翻领的后领底线较平甚至向下弯曲；领面的变化多种多样，可以在同样的领线上设计不同的造型（如图4-16所示）。

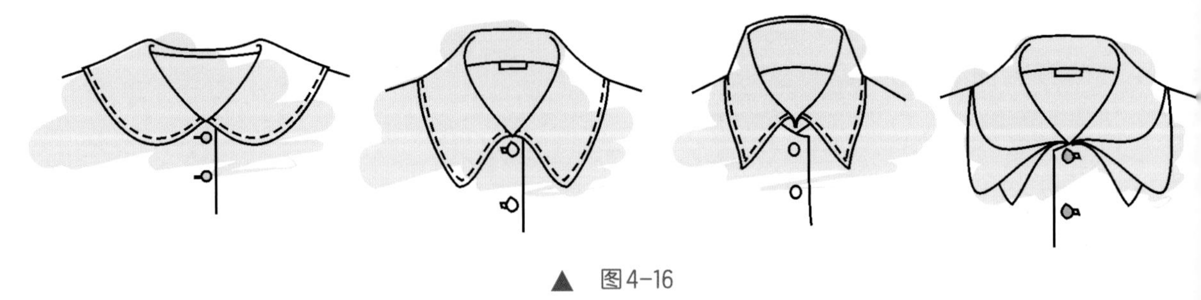

▲ 图4-16

② 画翻领（如图4-17所示）

a. 在人体模型上根据领深和领高画出翻折线。

b. 画出适当宽度的领面。

c. 画出肩线和后领底线。

d. 修整领子外形，擦掉人体线。

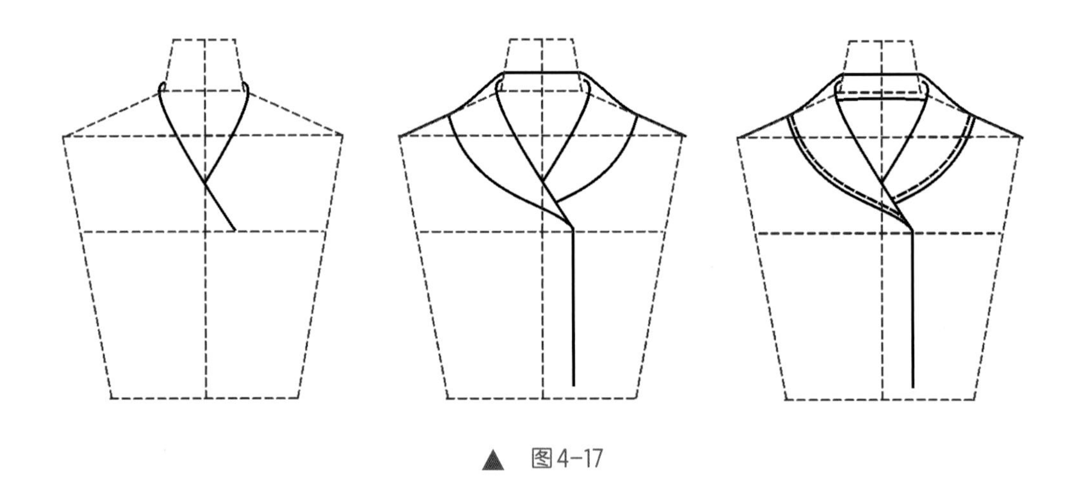

▲ 图4-17

（4）翻驳领　翻驳领的结构较为复杂，许多初学者往往觉得无处着手。其实只要分析清楚其结构，表现起来就会很容易了，它无非比一般的翻领多了驳领而已，绘画时可以参照以下的方法（如图4-18所示）。

① 在人体模型上根据领深和领高在中心线两边画出翻折线。

② 在翻折线的适当位置画出驳领，相同的翻折线上可以设计很多种款式。

③ 添画翻领部分，并设计领嘴的样式。

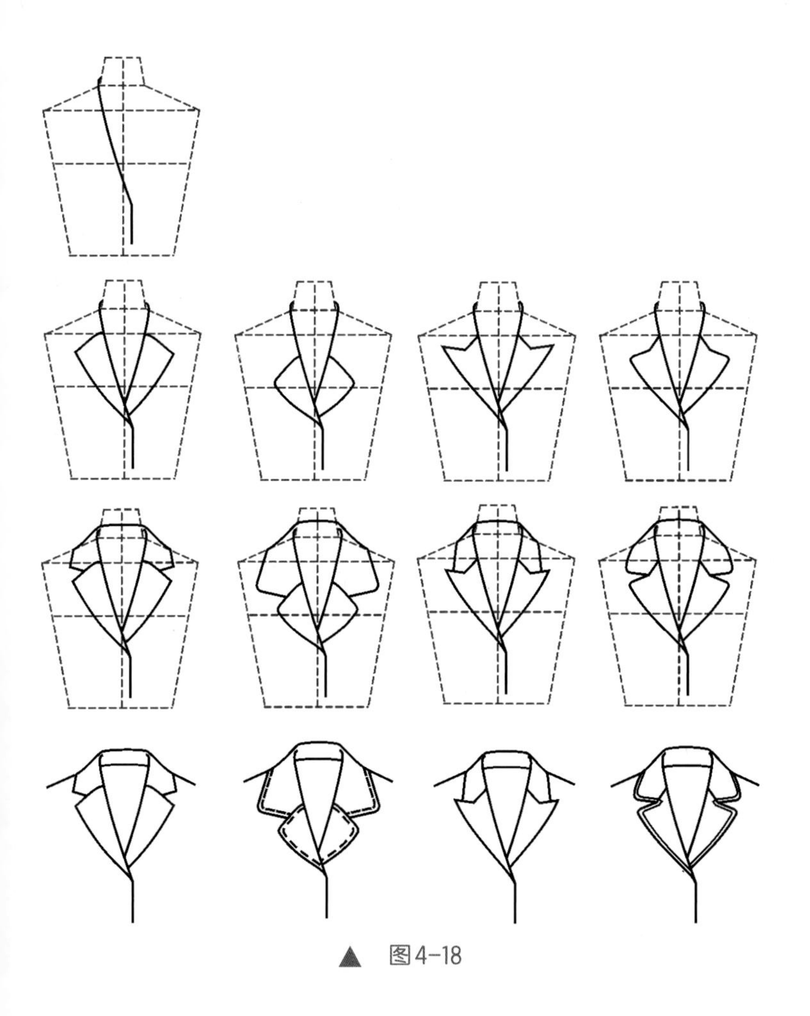

▲　图4-18

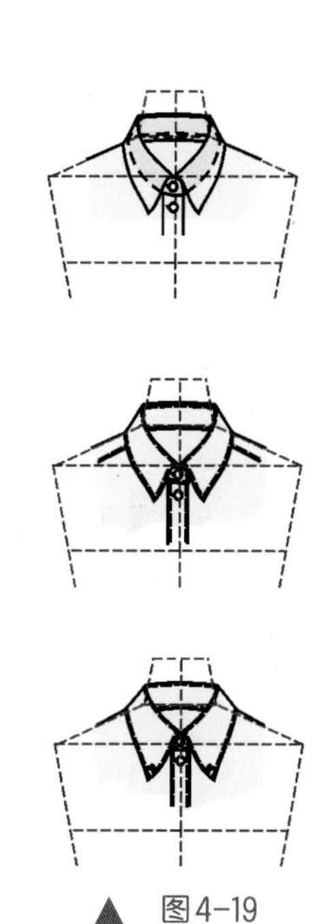

▲　图4-19

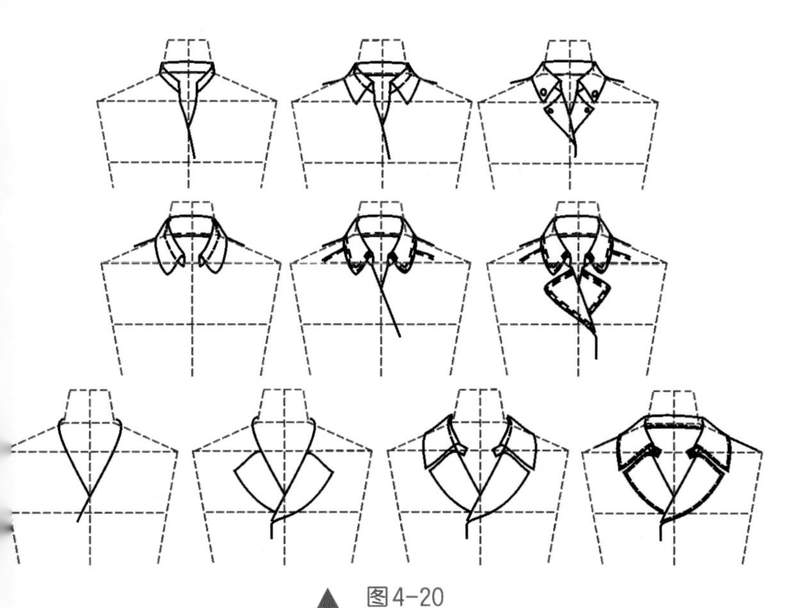

▲　图4-20

（5）企领

① 企领最突出的特点就是有分体的领座和领面，以衬衫领为代表，在绘画时可先画出翻领部分，然后换上领座，并将搭门交代清楚，一般紧贴着脖颈（如图4-19所示）。

② 风衣领也属企领的范畴，是制图中的一个难点，可参照图中体现的绘画过程（如图4-20所示）。

(6)帽领　帽领(兜帽)常用三种基本形式来表现(如图4-21所示)。

① 在正面图中将其垂在肩部以下。

② 在背面图中将其竖起。

③ 侧面图最易表现兜帽的外形。

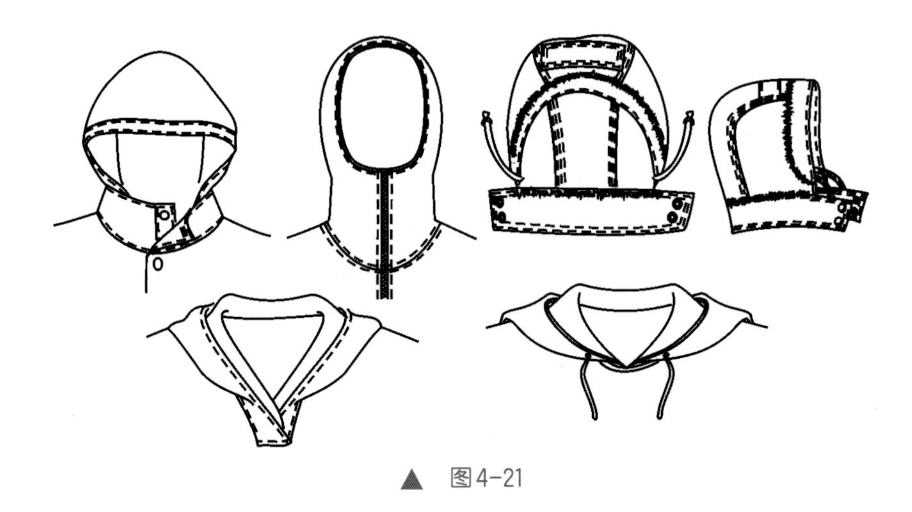

▲ 图4-21

(7)应注意的问题

① 在绘画领子时，学生常常出现的错误是：肩线和领子脱节。其原因是没有搞清楚衣片和领子的关系，致使后领底线和肩线错位(如图4-22所示)。

▲ 图4-22

② 应注意因服装面料厚薄的不同，会在衣领的翻折部位产生不同的圆度。如果画得有明显的角度，会被认为是很稀薄的面料；而对于过于厚重的面料，如裘皮等，翻折线会变得不够明显(如图4-23所示)。

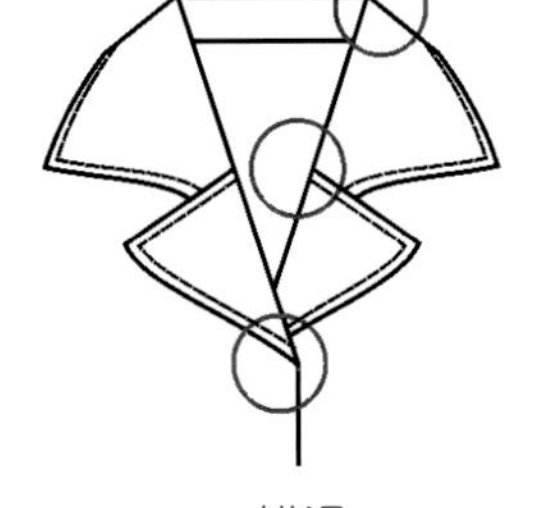

轻薄面料　　中厚面料　　较厚面料

▲ 图4-23

2. 袖子

画袖子最重要的是理解袖子的结构，结构的不同会使袖子形成不同的外观效果，我们可以从袖子各部位结构入手，分析如何才能掌握绘画的要领。

（1）袖山

① 西装袖。具有较高的袖山，外观特征是袖子刚好从肩端垂下、贴紧衣身、没有多余褶纹；肩部因为有垫肩显得较平；袖子顺着手臂的结构呈微微弯势并显得圆润；袖山自然地形成袖包；衣身上的袖笼线顺着肩部和腋窝的自然形状具有微妙的变化且斜度不大。有时为了更好地表现袖子的形态，可以使正面的形态微微侧转（如图4-24所示）。

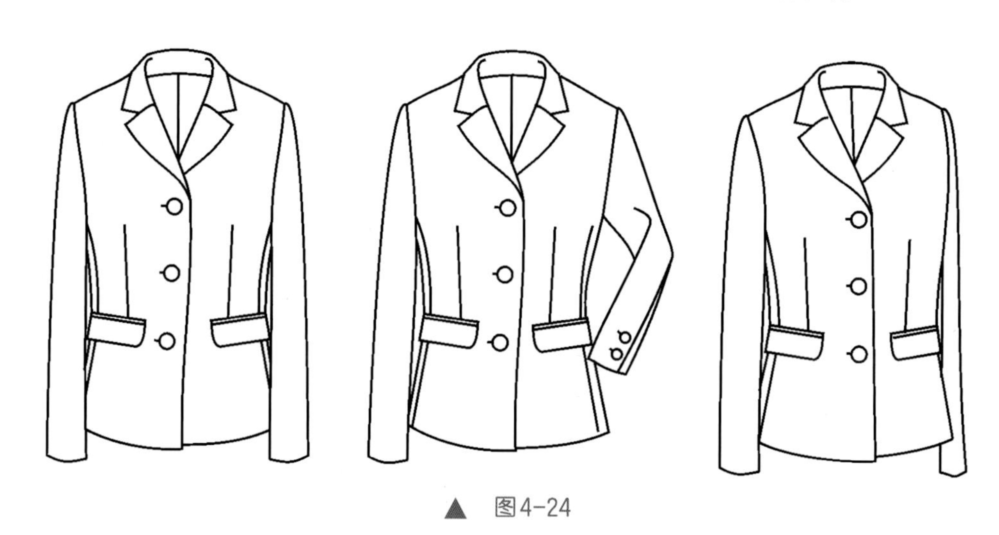

▲　图4-24

② 落肩袖。袖子袖山较低，袖窿较深，袖子不是接在肩膀上，而是在肩部以下；如果袖子自然垂下，会显得放松而舒服且有垂褶；袖窿线显得直而斜度较大（如图4-25所示）。

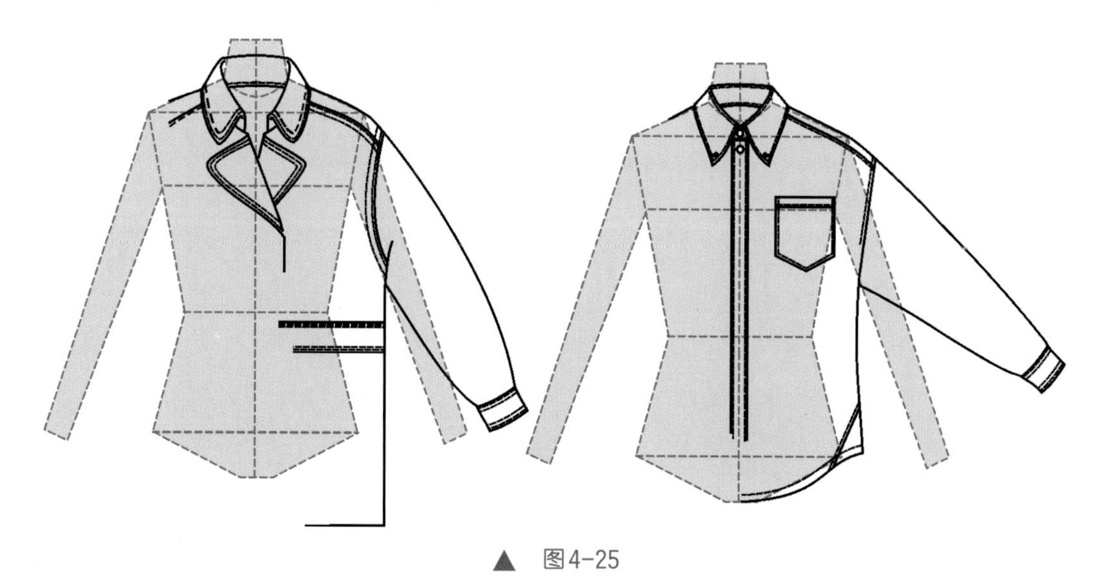

▲　图4-25

③ 泡泡袖。袖山也能收褶，这样会得到更多变化的袖型。这类袖山最典型的例子就是泡泡袖了。袖山可以作成抽褶或褶裥的形式，会有很高的袖包（如图4-26所示）。

④ 连肩袖。分割线不再是竖直的而是横向的，缝线可以从腋下延伸到领窝，或者袖片直接和衣身连在一起；肩部非常圆滑；在腋窝指向肩点的方向上有折纹，所以在绘画时可使一边的袖子张开（如图4-27所示）。

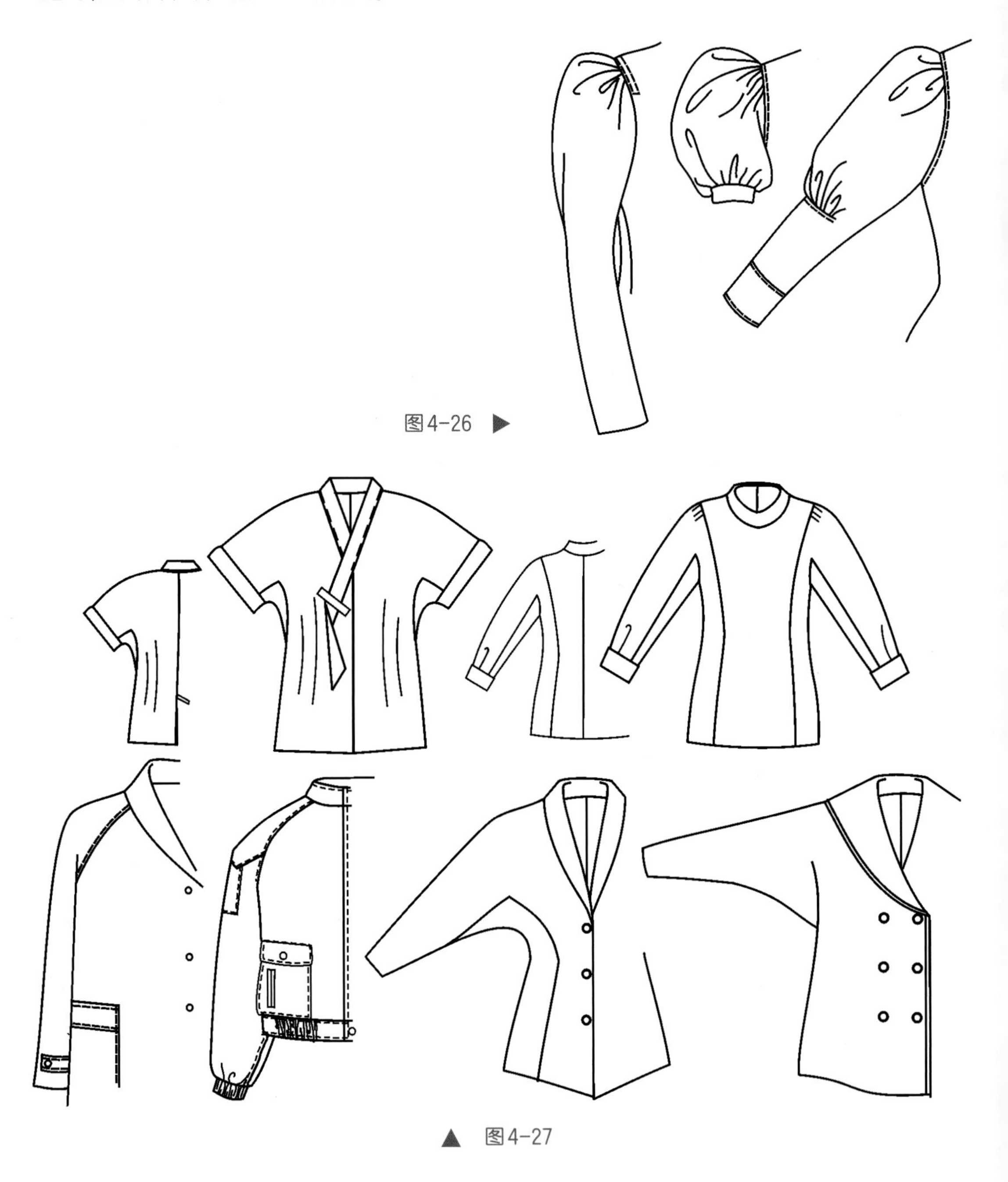

图4-26 ▶

▲ 图4-27

（2）袖口

① 袖口有窄袖口、宽袖口和克夫袖口之分（如图4-28所示）。

②克夫袖口中克夫就是一块长形的布，箍住手腕并收拢袖摆余量，克夫可宽可窄，袖摆余量可以收成褶裥（比如简单的两个裥的衬衫袖），也可以做成灯笼袖，甚至是豪华的礼服袖（如图4-29所示）。

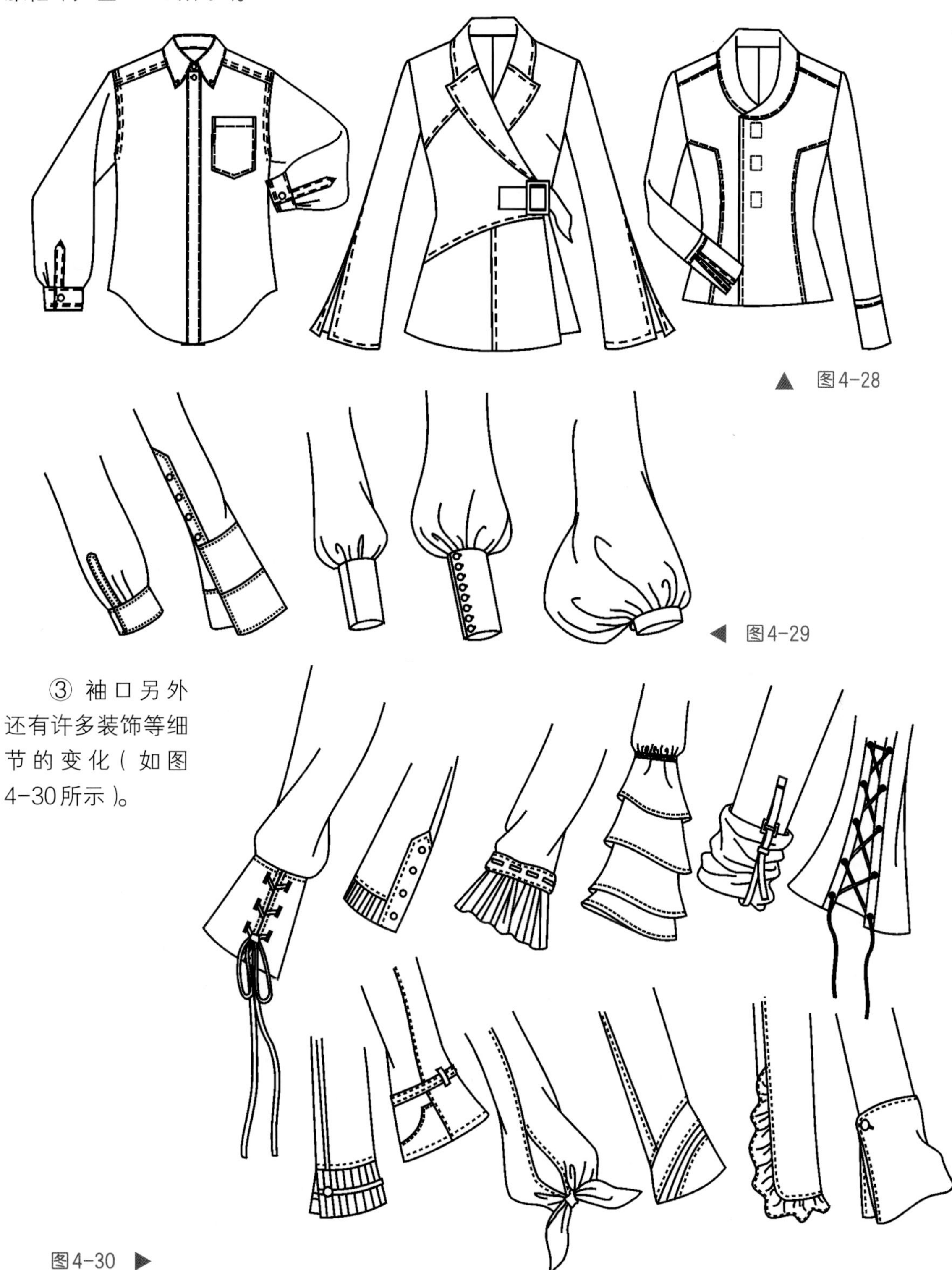

图4-28

图4-29

③袖口另外还有许多装饰等细节的变化（如图4-30所示）。

图4-30

④ 理解了袖子的基本概念及画法，就可以用任意的袖山搭配无穷的袖口，创作出款式多变的袖子。袖子的表现常用三种基本姿势（如图4-31所示）：自然下垂式；向外展开式；翻转式（为了体现袖子背面的结构，如袖口开气、纽扣等）。

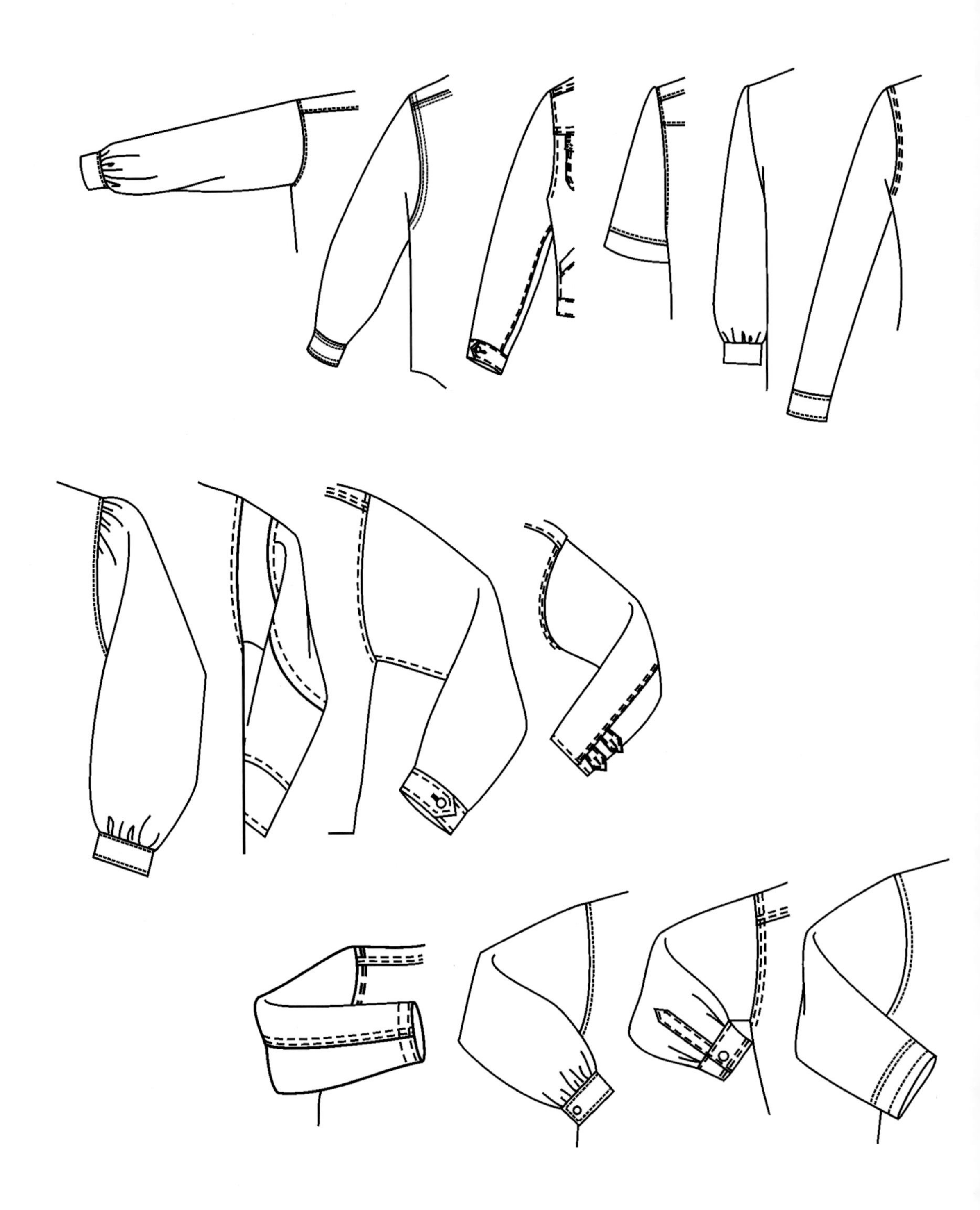

▲ 图4-31

三、服装平面结构图的绘制方法及步骤

1. 直接把服装穿在人体图上，其肥瘦、长度掌握起来得心应手（如图4-32所示）

▲ 图4-32

2. 使用辅助线绘图

① 根据人体比例，做出基本的结构线作为辅助线，如肩线、胸围线、腰节线、臀围线，然后根据这些基本位置进行绘图（如图4-33所示）。这时候，领宽及袖肥与整体款式的比例就需要目测了，已经接近徒手绘画。

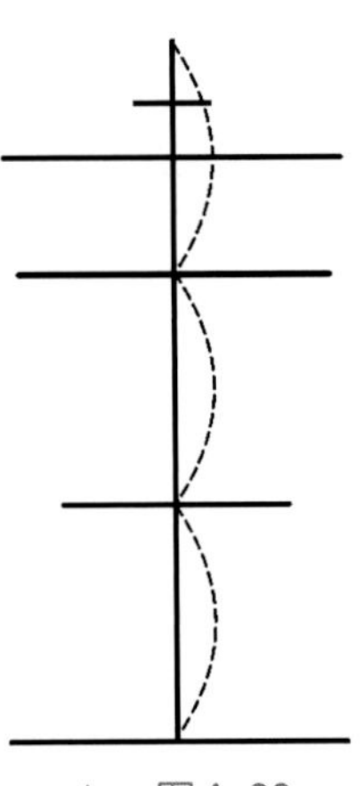

▲ 图4-33

②方法、步骤（如图4-34所示）

a. 画一条中心线，将其分为三等份，确定出肩线及腰围的位置和宽度（胸围和臀围可以依靠目测）。

b. 据a确定领深、领宽，画出领线，其形式一般左右对称。

c. 在前中心线上确定衣长，画出纽扣，并画出搭门的方式及领型（参照领型的画法），这里一般有性别取向，按规定男装的门襟扣眼在左边，女装则反之。且女装上衣也可呈中性，纽扣可在任何一测，而男装上衣的门襟始终在左侧。

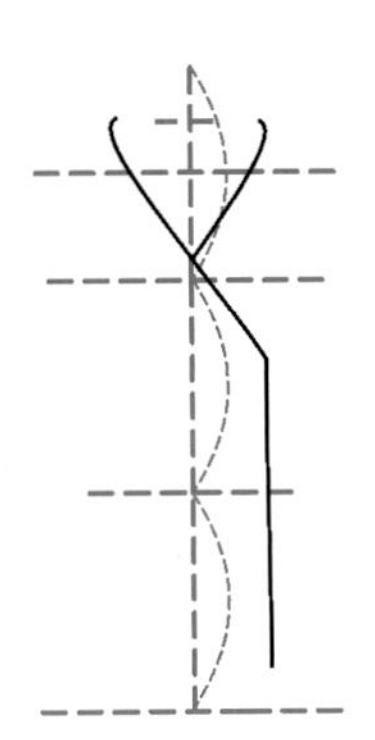
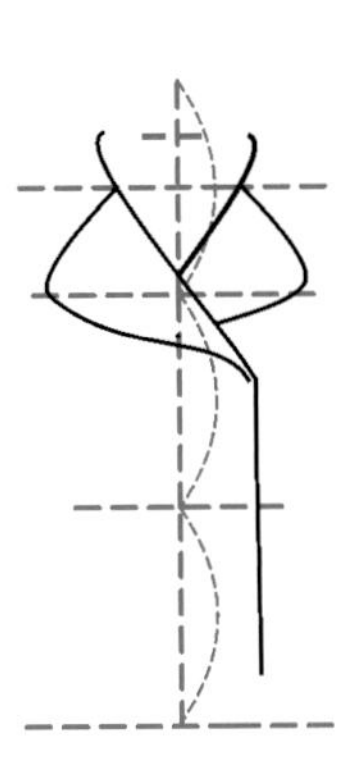
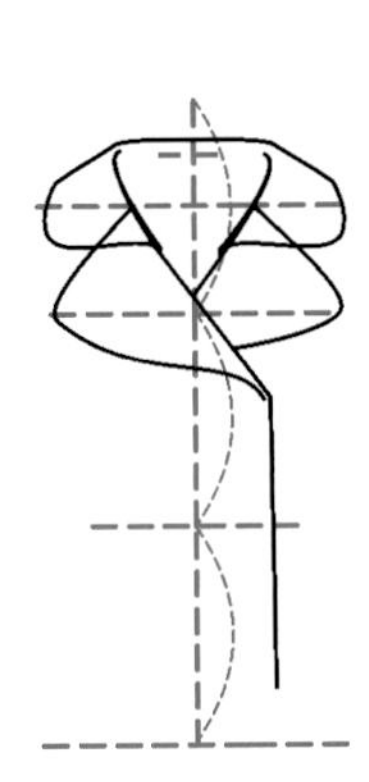
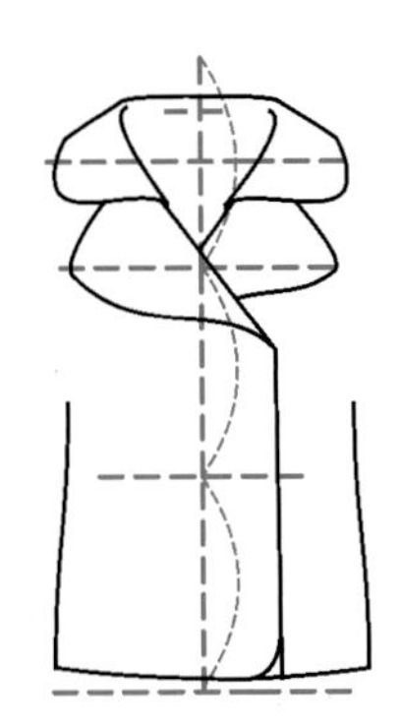

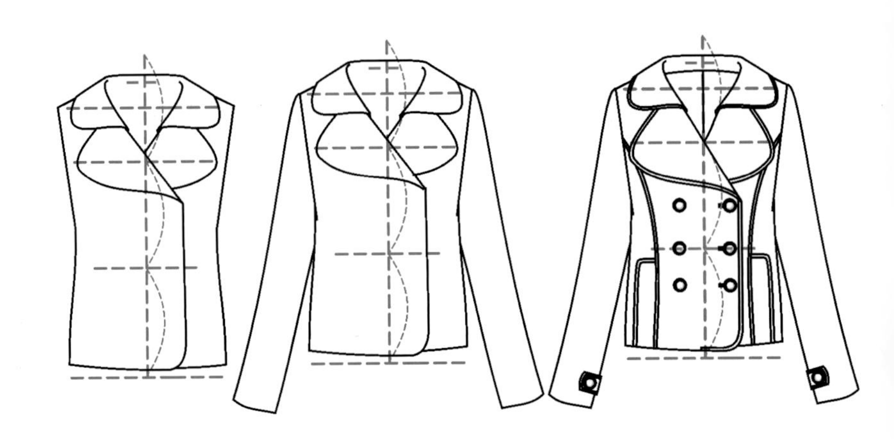

▲ 图4-34

d. 从中心线向两边延伸画出肩部形态，并根据衣身的宽度画出侧缝线。

e. 画出袖子及口袋。袖窿线从肩点连到衣身袖窿深点，一般会形成一斜线，其形态根据款式的变化各不相同（参照袖型的画法）。确定袖子的倾斜度及长度，画出袖子。

口袋定位：估测口袋四边到衣服各边的距离，以纽扣为基准定口袋位置。

f. 缝制工艺的标注，主要是缝线线迹。

以上是以简单的便装为例进行的绘制步骤说明，在实际练习过程中，我们会遇到更多变化、更复杂的款式。然而只要掌握了绘画要领，并对服装款式进行理性、客观地分析，绘画起来自然得心应手。

第五章　服装画的常用表现技法

学习目标

通过对技法的讲解、绘画步骤分析、大量的图例，可以让学生更直观、更容易地掌握不同的工具使用和不同的表现笔法，提高学生的技法表现能力和掌控能力。

随着人类文明的不断进步，人们对服装的审美功能要求也越来越高。设计师在设计服装时，首先是画大量草图，然后进行正稿创作——时装画，它的主要功能是通过平面视觉传达的形式表现自己的设计思想，表现方法与其他画种相比，更具有灵活性与多样性。

绘画与设计都是一种艺术活动，服装画在绘画的创作过程中同样具有无穷的创作乐趣。绘画的表现形式和技法很多，怎么运用、发挥和再创作都是一件有创意性和挑战性的活动。在构思阶段，我们就要充分考虑画面要采用什么表现形式、表现手法，利用什么工具、材料才能更生动、更有效、更准确地表达设计思想。

时装画的表现技法多样而丰富，应根据表现的内容、风格、面料、款式等不同来决定采用哪种绘画工具。

常用的绘画工具有：铅笔、钢笔、彩铅、水彩、水粉、油画棒、马克笔等，下面就结合绘画工具介绍一些常用的表现技法。

第一节　单纯性表现技法

服装画的表现技法多样。在表现上它可以借鉴和使用绘画中所有的技法。综合归纳，想学好时装画，前提是在时装人物表现能力熟练的情况下，更要潜心研究线条的运用和上色的基本技巧。

一、时装画绘制基本要点的掌握

1. 用线的技巧

线条是中国传统绘画造型的主要手段，中国画非常注重线条的运用，古人就线条的不同表现总结出“十八描”。依靠线条来表现形体，可以说是时装画的灵魂，是画好时装画的关键。但是，线条的表现往往是同学们学习时装画的一个难点。不少同学可以很好地处理人物的动态、服装的颜色配置，却常常因为勾线出现败笔而破坏整个画面的效果。

要熟练掌握线条的表现，一定要注意平时对各种服装的细心观察，对不同材质的衣纹线、结构线和轮廓线要认真地研究。一般来说，人物形体外围边缘，称为“轮廓线”，有了它人物的大体形状就出来了。“轮廓线”单独存在是远远不够的，还需要更具体地表现人物形体的结构关系，便出现了“结构线”。人在运动的时候，衣纹会产生皱褶，形成了“衣纹线”。

线条的组织要注意聚散关系和纵横关系，聚散主要是指画面的线条分布要疏密得当；纵横主要指纵与横的排列要灵活穿插，尽可能避免平行、对称、长短相似或距离相等的线条，因为这种线条的排列过于呆板。

线条的组织还要注意与物体质地相结合，比如表现质地厚硬的衣服（呢料），线条应是少而直；质地厚软的衣服（棉衣），线条应是短而多；质地柔软轻薄的衣服（丝绸），线条应是细而长。

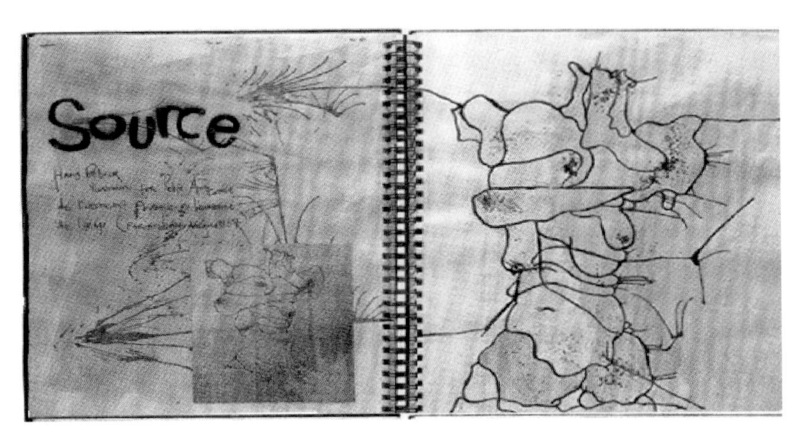

如何表现物体的质感、量感、立体感、空间感，大体可以总结为以下几种规律。

① 从明暗上讲：背光部分用重墨粗线表现；亮光部分用淡色细线表现。

② 从色彩上讲：深色服装用重墨；浅色服装用淡色表现。

③ 从主次上讲：主要部分用粗线条；次要部分用细线条。

④ 从质地上讲：质硬者用方笔；质软者用圆笔。

⑤ 从虚实上讲：虚的部分用细而淡线条，有时可以笔断意连；实的地方用粗线重墨表现。

可以这样说，不同性格的线条足以表达出设计师独特的心理感受与个性。画面中对于服装材质的表现，线条的运用都是至关重要的，不同粗细、缓急、曲折、长短的线条会产生不同的视觉效果，用线注重力度，切不可涩、飘、油、散。

时装画线条的形式一般有均匀线、粗细线、不规则线三种。均匀线的特性是线条清晰流畅、细致规整，追求端庄稳重，此种线条适合表现轻薄、飘逸、悬垂感好的面料；粗细线的特征是线条更具灵活与张力，干净利落、刚柔相济，适合表现厚度适中的面料，表现面料范围更广；不规则线的特征是时而凝重，时而轻灵，有毛笔的挥洒变化多端之感，具有较强的力度和个性美，适合表现厚重个性面料。

线条应根据不同面料的质感和不同服装的风格灵活选择、结合使用。这三种线型有自己独特的语言，表达的效果是各有差异，而在实际的创作中一般会根据不同的面料质感来混合使用。

2. 用色的技巧

（1）干画法和湿画法

① 干画法，先用薄颜色画出基本调子，待第一遍色干后再来第二遍色，层层设色，直至完成最后效果。操作中可以用笔蘸色后尽可能地把笔甩干，利用笔锋的侧面接触粗糙纸面，类似于国画和书法中的“枯笔飞白”；也有人用极薄的透明色依次叠加来表现条格等花色面料。

② 湿画法，是先将纸张浸湿，在纸面潮湿时作画。一般是在第一遍颜色稍微收水的时候画第二遍，直至完成最后效果图。操作中可以直接在湿的纸面上涂抹色彩，也可以涂上色彩后用水洗开，这些都是表现颜色在水中渗化的效果。湿画法既可以表现厚重感的毛皮类服装，也可以表现飘逸感的丝绸类服装。

（2）厚画法和薄画法

① 厚画法一般用干画法完成，作画顺序是从深色往亮部画。厚画法是以水粉色、丙烯色等覆盖力强的颜色为基础色，加少量水，用来表现厚重感面料的服装效果。它擅长在色彩堆积中表现色调的丰富感，所以应该避免过于鲜艳、刺激的颜色，上色过程中为增加效果还要多利用点彩、厚积等肌理手段。

② 薄画法是以水彩或水粉色为基础，加入多量的水稀释作画水，加入越多的水稀释就越淡，上色就越薄。作画顺序是从亮部往深部画。适用于表现轻薄、飘逸的服装。它脱胎于水彩画的传统技巧，运用稀薄的色彩与纸面结合的色彩变化，力求用笔干净利落，色彩明快淡雅，不刻意表现过多的虚实、明暗关系的变化。

在一幅画中两种技法往往结合使用，画面会更加生动。

二、常用的单纯性表现技法

常用的表现技法根据应用的工具分有：素描、线描、淡彩、水粉、马克笔、油画棒以及多种技法的混合应用等表现技法，它们都是时装画中最基本、最常用的表现形式。

1. 素描表现法

素描画法是绘画艺术领域中一种独立的表现手段和艺术样式，是一种独立的画种。从广义理解，是指凡用单色作的画都称为素描，其中包括线描、速写、单色版画、黑白画，甚至书法也可以囊括其中。从狭义角度理解，即是我们通常理解的素描画法，主要是指用明暗手法来表现时装画人物皮肤和服装的不同质感。运用素描技法绘制的时装画，一般多偏重于写实表现手法，画风要求细腻而准确，质感的表现用黑、白、灰等多种层次来表现。这就要求绘者具有较强的造型功底和塑造能力。

在绘画过程中应注意人物形体、整体结构、画面空间等诸多方面的要求，还要考虑到调子的协调性和统一性。这一技法表现皮毛、皮革、纯毛等面料服装会取得比较好的效果。

▲　图5-1

▲　图5-2

▲　图5-3

（照片选自《世界时装之苑》1996年第5期）

▲ 图5-4

素描画法步骤如下。

① 先用2H铅笔根据纸张的大小确定构图的大小、人物的比例和人物的动势，衣纹的来龙去脉要用线条交代清楚（如图5-1所示）。

② 用2B铅笔铺大色调，表现出大体的明暗层次衣纹，要基本画出凹凸起伏（如图5-2所示）。

③ 用HB铅笔细心深入刻画人物细部和服饰质感，尤其要突出表现出衣料的不同质感。在这一示范图例中着重表现了炭灰色法兰绒裙套装和皮革手套的质感刻画（如图5-3所示）。

2. 线描表现法

线描源自中国画技法形式中的一种。后被应用于美术基础训练中，称之为速写。此种画法全凭线条的虚实刚柔、浓淡粗细来快速勾勒人物或景物。这种速写能力是服装设计师必须具备的基本技能，它可以培养敏锐的观察力，迅速地掌握对象的造型、比例和运动特点。在服装设计过程中，收集素材的工作是必不可少的。这一技法的掌握不仅可以使服装设计者在日常生活中多收集和积累各种形象资料，还可以加强线条概括的能力，为今后创作打好基础。

这一表现技法中线条是唯一的造型语言，表现中应准确地表现结构，如人体比例、神态、动态、服装与人体各部位的和谐程度、服装的款式及结构等。在绘画过程中不但要充分利用线条的刚与柔、粗与细、浓与淡、曲与直来表现服装的风格与特殊质感的要求，并且通过疏密得当的线条，使画面产生强烈的节奏感与韵律感，增强艺术的感染力。

每一个设计师都有自己独特的用线风格，或流畅奔放，或方挺有力，或柔和轻盈，或均匀统一，或认真严谨。不同的风格给人以不同的感受，比如流畅奔放的风格，画面中粗细变化丰富的线条展现出生动的艺术效果，画面活跃而富有情趣（如图5-4所示）。而均匀统一的线条给人以冷静不乱的艺术效果（如图5-5所示），它能更好、更准确地表现出服装的款式与结构。不管风格如何，都要注意线条组织的疏密聚散、衣纹合理的来龙去脉，这样才能使衣服与人体结合得恰到好处。

▲ 图5-5

线描作画注意事项如下。

① 选用2B或4B铅笔，也可以用速写钢笔、炭笔、炭精条等（笔尖要削成扁平头，才可以画出粗细不同的线条），然后认真观察，大胆落笔。

② 用线条表现人物的动态、衣纹的纹理层次，用笔要注意线的粗细、长短、虚实、软硬的变化，用线条一定要有韵律感，线条的组织要有紧有松、有疏有密，这样才有错落感。

线描作画有的采用炭精条画带有强烈速写意味的时装画人物（如图5-6、图5-7）；有的采用签字笔和彩色水笔画出带有强烈的线条粗细对比的时装画人物（如图5-4）；有的采用单纯的签字笔画均匀统一的线条（如图5-5），可见不同的线条运用会带给人不同的心理感受。

▲　图5-6

▲　图5-7

3. 淡彩表现法

淡彩表现主要是采用清淡透明的水彩颜料作画。水彩画是用水为媒介，调配透明或半透明的颜料，运用色彩和技法来表现丰富的色彩效果的一种绘画艺术。其特点是透明，作画简便，效果明快，讲究技巧性，随意而生动，不追求过多的细节，具有很强的表现力。

在这一环节里，我们根据不同的工具总结了以下几种淡彩表现技法。

（1）素描淡彩画法　淡彩表现法是服装效果图较常采用的一种手法并且效果突出、简单、快捷，是一种选用铅笔、钢笔、毛笔等工具画出物体的形状及结构关系，用水彩或透明水色施以淡淡的颜色的一种技法。

根据勾线工具的不同，可以分为铅笔淡彩、钢笔淡彩、毛笔淡彩；又可根据上色方法的不同，分为渲染画法和笔触画法。因此，在这一环节里，着重介绍两种淡彩画法：淡彩的渲染画法和笔触画法。

众所周知，工具的特性在很大程度上会影响画面的效果。这里介绍的铅笔淡彩的渲染技法，工具铅笔的特性是具有柔软丰富感，再加上毛笔细腻的渲染上色技法，因此在表现服装款式与细节方面，具有一些其他技法不可比拟的优势。渲染画法是借鉴中国工笔画渲染技法，来表现变化丰富的层次，技巧为一支笔蘸所需颜色上色后，再用另一支笔含清水晕染开来，形成深浅不同的色彩明度推移，具有独特的美感。用细的铅笔线条加上渲染淡彩很适合描绘柔和的薄纱、绢、丝、绸、缎等飘逸材料制作的服装。

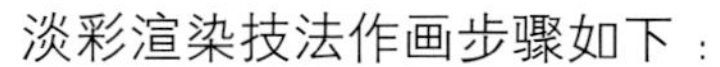

淡彩渲染技法作画步骤如下：

① 用铅笔轻轻打好轮廓，即画好人物形象和服装款式（如图5-8所示）。

② 先用水彩颜料或透明水色调出服装基本色调，要水分饱满地进行轻轻涂画，把基本色调平铺一遍并待画面半干后，再用同样的色彩把中间部分加深，分出浓淡关系，服装边缘部分一定要虚，才能表现出纱质的感觉；再用相同手法为人物肤色、头发上色，切忌心中无数、反复涂抹以致画面搞脏（如图5-9所示）。

③ 在服装的衣纹阴影部分逐渐加深，并用清水笔把颜色仔细晕染开，表现出立体感、空间感、质感，可以单层快速渲染也可多层罩染直到理想为止。深入刻画人物的五官发型后，再用铅笔加深线条，强调轮廓线，使画面线条清晰、效果明显突出。本步骤通过渲染手法着重描绘了柔和的薄纱在空中重叠飘逸的美感（如图5-10所示）。

▲ 图5-8

▲ 图5-9

▲ 图5-10

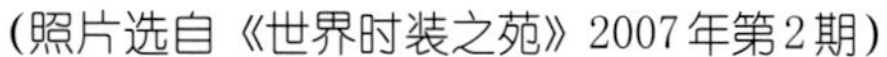

（照片选自《世界时装之苑》2007年第2期）

▲ 图5-11

用钢笔和毛笔描绘的线条比铅笔淡彩更具肯定性，线条的效果更明确突出，因此上色方法更适合配以笔触画法，顾名思义，是指上色过程中要心中有数，下笔要笔笔有痕迹，不能心中无数来回涂抹，要干脆利落，通过色彩的不同变化来表现层次，画面具有痕迹美（如图5-11所示）。

笔触画法的上色具有简洁、明快的特点，技巧性要求较高，作画应注意笔触方向应顺应衣纹走向，尤其注意服装要适当留出空白，加上洒脱的笔触，从观感上带有强烈的速写意味（如图5-12所示）。

▲ 图5-12

学生作品：战英
指导老师：郝蔚

(照片选自《布莱尔时装》)

▲ 图5-13

▲ 图5-15

▲ 图5-14

(照片选自《布莱尔时装》)

淡彩的笔触画法作画步骤如下。

① 用铅笔轻轻打好轮廓，把人物形象和服装款式画完整（如图5-13）。

② 先用水彩颜料或透明水色调出人物基本肤色铺上，然后调好服装颜色，铺上一层淡淡的颜色，注意留出空白处；待到半干时再将服装和人物的暗部加重一层颜色，增强人物与服装的层次感（如图5-14）。

③ 最后细致刻画服装的细节和人物，等颜色全部干后再用速写钢笔或毛笔在铅笔的基础上加重线条，注意线条的粗细运用。这一示范图例中笔触的挥洒以及线条的粗细对比使服装更具流动感和飘逸感（如图5-15）。

（2）彩色铅笔画法　彩色铅笔因本身特点，颜色淡雅，因此也划入淡彩行列。与水粉、水彩相比，相对容易控制。为丰富效果可以打破原色作画的局限，色彩线条可以相互重叠，多色、多遍、多层次地表现，不同色彩的交叠，可产生多种复色效果，提高了彩色铅笔的表现力。在技法上需要线条的层层叠加，完成时间较长，因此绘画时需要有耐心。线的运用和排列要结合对象的形体结构、质感和色彩关系，要用力均匀。它的绘画特点是色调柔和，易于掌握工具的独特性，使画出的线条带有绒绒毛毛的柔软感觉，能够表现出微妙的、细腻的色调变化，非常适合表现毛衣及绒毛类服装。

作画步骤如下。

① 铅笔轻轻打好形，尽量具体详细（如图5-16所示）。

② 彩色铅笔由深往浅画出线条，先用黑色彩铅画出豹纹，然后用黄色整体通铺豹皮色调，再用赭色画出豹皮的中间色调（如图5-17所示）。

③ 对细部进行细致刻画，诸如脸部的化妆、服装的细节部分等；再精心调整与统一色彩的整体关系。在这一示范图例中着重表现了豹皮、袖口长毛及针织裤袜的质感（如图5-18所示）。

▲ 图5-16　▲ 图5-17　▲ 图5-18

（照片选自《世界时装之苑》1994年第5期）

4. 水粉表现法

水粉是一种覆盖性很强的颜料，因此它的绘画顺序应是从深往浅画，如果采用相反顺序则容易画脏。水粉的色彩艳丽、明亮、浑厚、柔润，具有很强的艺术效果。它是时装画常用的一种技法，主要分为干画法和湿画法两种。湿画法用水较多接近于水彩画法，干画法用水较少，通过色彩叠加可表现出丰富的色彩层次。我们在这里详细介绍一下干画法，干画法表现手法多样，掌握基础技法后就可以自行创作出更多的表现技法。基本技法如下。

（1）水粉平涂画法　平涂画法具有装饰美和均匀美，是根据画面的各色块分割，将各色平涂于其中。运用此法要使各部分色块界限既明确又衔接自然，颜色涂抹均匀。主要分平涂和平涂勾线两种。适合表现衣皱不多，平整装饰花纹强的布料。

作画步骤如下。

① 用铅笔轻轻打好形（如图5-19所示）。

② 先调出肤色整铺一遍，肤色注意不要调脏，要干净利落。再用水粉颜料将衣服进行各个色块分割平涂（如图5-20所示）。

③ 服装用色涂均匀后，再对细部进行细致刻画，诸如脸部的刻画、服装的细节部分等；最后再精心调整与统一色彩的整体关系，然后根据作品需要决定是否进行勾线。在这一示范图例中着重表现了具有装饰条纹布料的质感（如图5-21所示）。

▲ 图5-19

▲ 图5-20

▲ 图5-21

(照片选自“VOLVE” 2007年第3期)

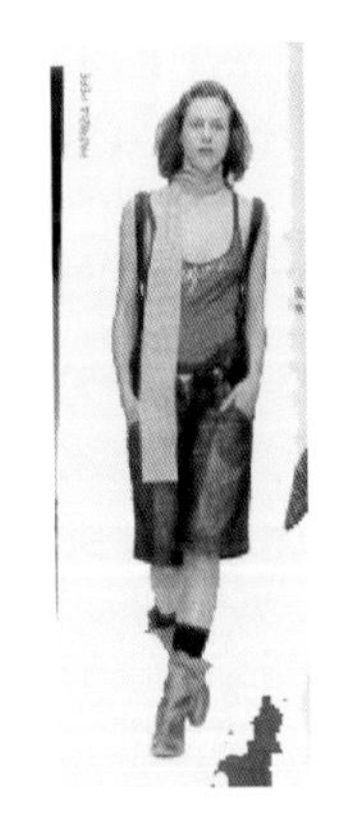

▲ 图5-22

▲ 图5-24

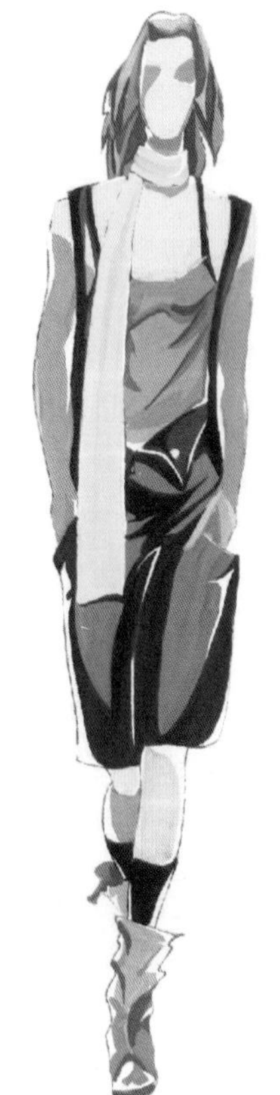

▲ 图5-23

（2）水粉笔触画法　与淡彩笔触画法基本相同，可参照淡彩的笔触画法步骤。注意用较宽的大笔触快速画出，具有强烈的淋漓痛快感，笔触强烈、层次分明。要注意笔触的排列感、洒脱感。受光处多留空白不着色。

用毛笔勾线的水粉笔触画法作画步骤如下。

① 用铅笔轻轻打好轮廓，把人物形象和服装款式画完整，因要配合毛笔勾线，铅笔线条不需太工整，要灵活并充满激情（如图5-22所示）。

② 先用水粉颜料调出人物最深肤色铺上，然后调好服装颜色，铺上一层最深的颜色，注意留出空白处；待到半干时再将服装和人物脸部的中间色覆盖在深颜色上，增强人物与服装的层次感（如图5-23所示）。

③ 最后细致刻画服装的细节和人物的五官发型后，等颜色全部干后再用毛笔在铅笔的基础上勾线，注意线条粗细的灵活运用。在这一示范图例中完全用笔触的挥洒来体现奔放的画意，从而使服装更具动感美（如图5-24所示）。

(照片选自“JESSICA”2006年第3期)

5. 蜡笔及油画棒表现法

一种蜡质画材，在服装画中它能在面料和面料图案中表现出自己的优势，其风格粗犷洒脱。油画棒最适合表现毛线编织材料或具有粗犷效果的印花面料。比如有些花布的图案纹样只强调大感觉，不必细致刻画，可省去手工绘制花布图案的填空、留空等繁杂的细节。由于它具有油性，在罩上水粉或水彩后，会留下明显的油性痕迹，带有明显的斑点丝痕，有如蜡染、扎染的冰纹效果。

绘画步骤如下。

① 先用铅笔起稿，画出人物的动态与服装款式（如图5-25所示）。

② 再用蜡笔或油画笔写意般大体画出花样图案，然后用淡黑色统一给服装铺上底色，肤色也同样铺上底色（如图5-26所示）。

③ 最后用深色水彩或水粉大面积涂抹，花纹图样跃然纸上（如图5-27所示）。

◀ 图5-25

◀ 图5-26

▲ 图5-27

（照片选自《服装艺术与理念》）

6. 马克笔表现法

马克笔画法近年来流行较快，尤其在国外应用更为广泛。它在无需调配与掌握水分情况下，能够快速展示自己的设计意图，非常的方便快捷，是设计专业常用的工具之一。有油性和水性之分。马克笔的特点是色彩鲜艳、作画方便，绘制效果流畅、洒脱，具有很强的视觉冲击力，能够展现一种抑制不住的创作激情。

绘画步骤如下。

① 先用铅笔起稿，画出人物的动态与服装款式（如图5-28所示）。

② 为了画面干净，需要把草稿拷贝到正式稿上。用马克笔先涂肤色，再根据服装结构按同一个方向涂最浅色，注意适当留白（如图5-29所示）。

③ 换中间色在服装的褶皱处再涂几遍，最后再用深红色刻画出服装的投影线条和人物的五官发型等（如图5-30所示）。

▲ 图5-28

▲ 图5-29

▲ 图5-30

（照片选自《世界时装之苑》2007年第2期）

第二节 综合性表现技法

综合技法是指在同一幅画中，运用多种绘画工具和多种表现方法融为一体来表现时装画面的总体效果。在画面中只要能达到你所追求的效果，可以“不择手段”。在绘画过程中要充分考虑到布局合理，主题明确，更好地给予我们想象的空间，摆脱束缚，创造出更有创意、更有个性、更有特色的效果图。

一、有色纸表现法

有色纸是一种本身具有各种颜色的卡纸。具有很强的装饰性。

① 铅笔轻轻打好轮廓，把人物形象和服装款式画完整，线稿要灵活并充满激情（如图5-31所示）。

② 水粉颜料调出人物最深肤色铺上，然后调好服装颜色，铺上一层最深的颜色，注意留出空白处。因为是在有色纸上画画，有色纸可以作为中间色调，因此有些地方不必完全覆盖画纸，这样更灵活（如图5-32所示）。

③ 刻画服装的细节和人物的五官发型后，等颜色全部干后再用毛笔在铅笔的基础上勾线，注意线条粗细的灵活运用。这一示范图例是在有色纸上用挥洒的笔触，使西部牛仔女郎的服装更具粗犷美、统一美、装饰美（如图5-33所示）。

▲ 图5-31

图5-32 ▶

◀ 图5-33

(照片选自“JESSICA”2006年第5期)

二、多种表现法

① 用铅笔轻轻打好轮廓，把人物形象和服装款式画完整（如图5-34所示）。

② 用水粉颜料调出人物亮部肤色平铺上，再调出暗部画出；然后调好服装颜色铺上，再用白蜡笔提出毛织物质感（如图5-35所示）。

③ 细致刻画服装的细节和人物的五官，在毛织物上刷上灰色使质感更突出；再用海绵蘸深灰色在上衣上点染出纹理；最后画出细部饰物（如图5-36所示）。

这一示范图例是在有色纸上通过不同工具的运用，从而使服装达到理想的效果，因此在服装画创作中要大胆发挥你的想象，可以采用身边一切可用之材，甚至“不择手段”，只要能表达出你的创意即可。

▲ 图5-34

▲ 图5-35

（照片选自《世界时装之苑》2007年第2期）

▲　图5-36

第六章　服装质感与图案的表现技法

- 第一节　面料质感的表现技法
- 第二节　面料图案的表现技法

学习目标

通过与不同面料照片相对应，加上对不同面料的讲解、绘画步骤分析、大量的图例，可以让学生更直观、更容易地掌握不同面料的表现技法，以更好地提高学生对面料表现语言的技法表现能力和掌控能力。

不同的服装面料会给服装设计带来不同的设计理念及设计语言，是服装设计中不可缺少的重要因素。因此，服装面料的质地与花色也是服装画所要表现的重要内容。在琳琅满目的服装面料中，其外观、性能、质感、风格各不相同，都具备各自的独特个性，在服装效果图中只有准确地表现服装面料，才能展现出服装设计的风格及美的意蕴。

面料的表现，可以大体分为“质地”和“图案”两大类。

第一节　面料质感的表现技法

在面料“质地”和“图案”的表现中以质地的表现尤为重要，也是不容易表现的地方。我们一般只要把握住服装面料大类的特征和风格就可以了。这里，我们把服装面料按质感分为七大类，分别是：针织面料，精纺面料，皮革面料，裘皮面料，丝纱面料，牛仔面料以及棉衣、羽绒类面料。

下面分别阐述此七大类面料质感的不同表现方法，同时介绍有关的效果图。

一、针织面料

针织面料具有良好的伸缩性并且手感柔软，穿着舒适。它的品种很多，就形态而言可以分为两大类：一类薄且富有弹性，穿着时紧贴人体；另一类，针织物的组织结构明显，凹凸分明，手感厚实丰满，弹性和保暖性良好。针织物这些主要的特点是我们表现其质感的关键。

1. 表现薄且富有弹性的针织物

泳装、T恤衫、弹力裤等都属于薄且富有弹性的针织物，由于这类服装就像是人的皮肤那样紧贴在人体上，所以在人体上直接勾画服装的结构线、图案或填色，就能表现其质感，因此要求把人体画得准确优美。描绘时应删除人体表面细小的结构和微弱的肌肉起伏。在屈伸的部位，应把服装画出一定的厚度和微弱的衣纹。

2. 表现厚实丰满且组织结构明显的针织物

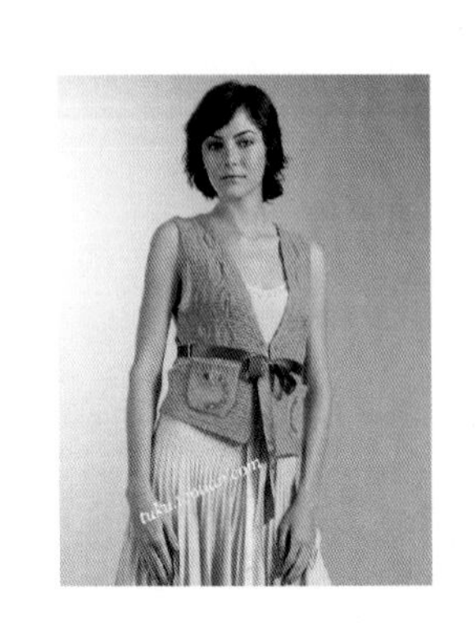

我们秋冬穿着的针织服装往往不是紧身型的而是宽松厚重型的，服装本身比较宽大，加上针织面料的疏松、柔软性，使得服装呈现出松垮的外轮廓。只要抓住针织服装这一外形特征，即使在画面上不表现色彩和肌理，却依然能传达给人们针织服装的信息。如欲描绘得更加细致，可在涂好的色块上用彩色铅笔加一些细小的竖条纹，这样可增加针织服装的质感表现。

3. 针织面料服装效果图作画步骤（如图6-1、图6-2所示）

▲ 图6-1　通过模仿针织物的纹路来表现其质感

▲　图6-2　用松垮的轮廓特征来表现针织服装　　作者：王培娜　毛衫手稿

4. 针织面料服装效果图作品（如图6-3、图6-4所示）

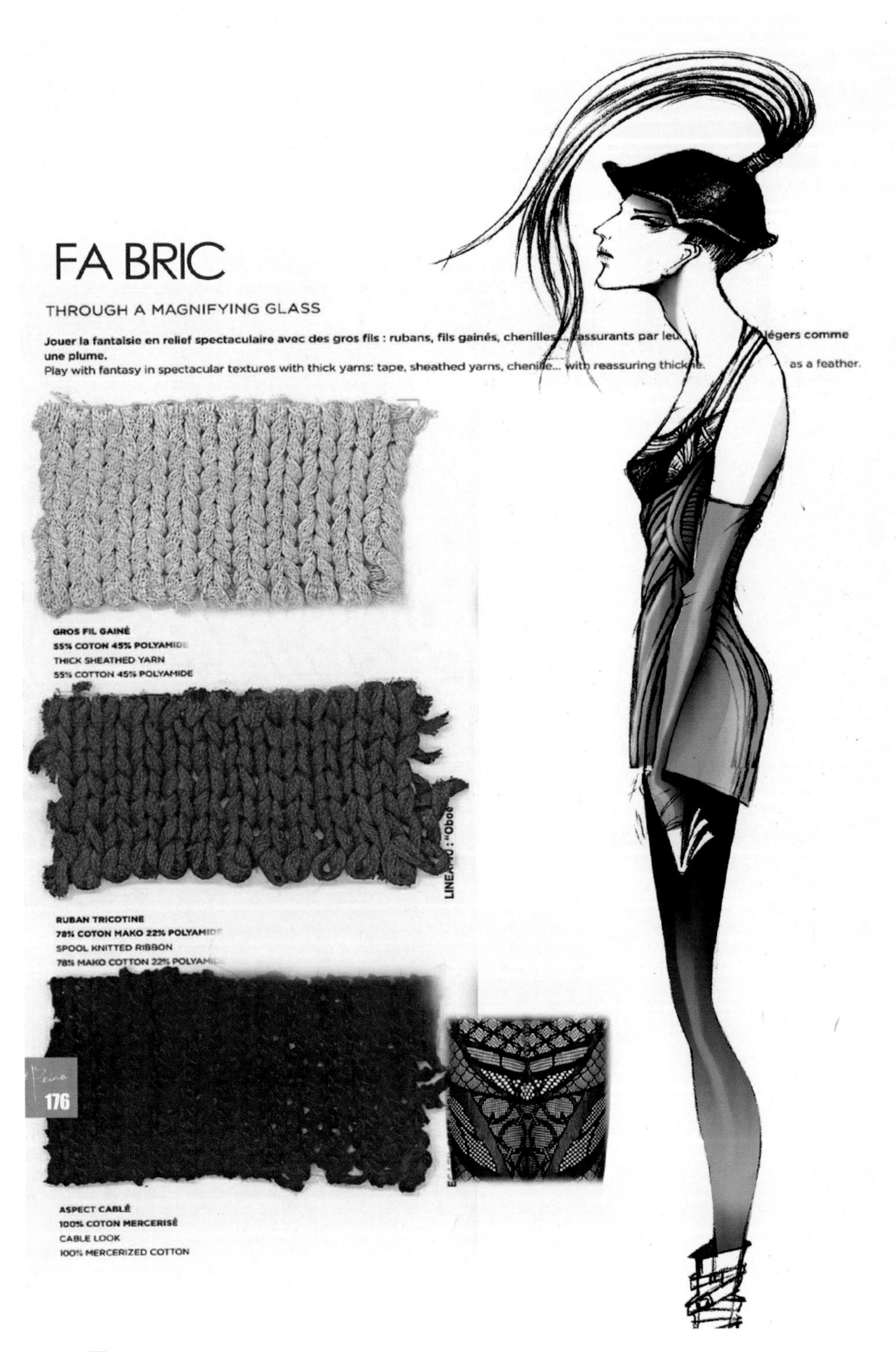

▲ 图6-3

王培娜　毛衫手稿

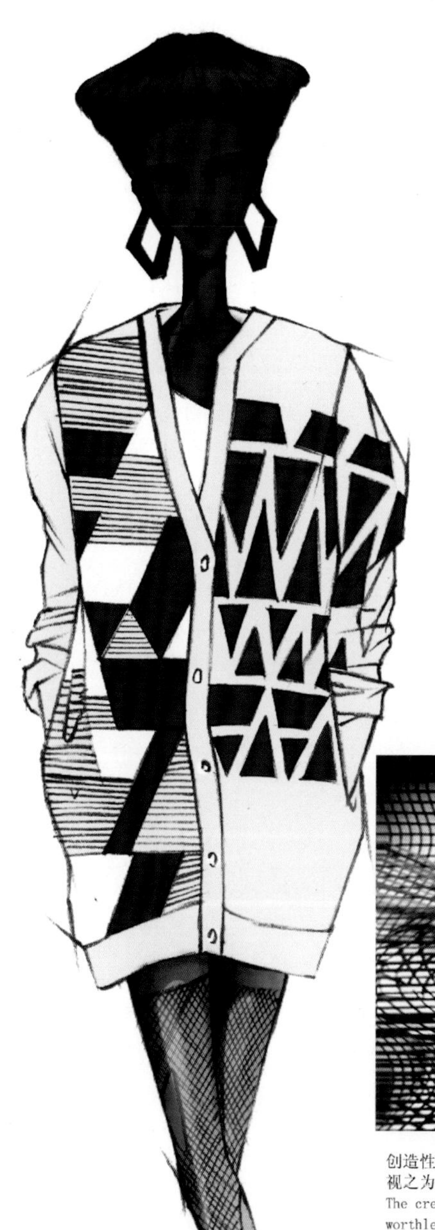

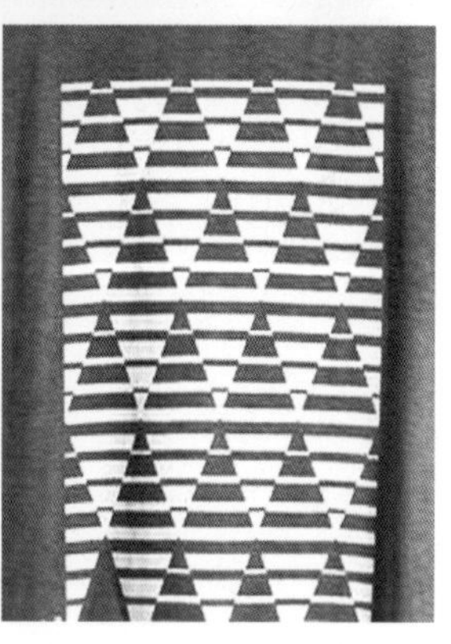

创造性的头脑，简单来说，不会将一只空碗视为无价值的物品，而是视之为正处于一种过渡状态，等待着终将去填充它的内容。
The creative mind, simply speaking, would not consider a bowl as a worthless vessel, but see it in the transition waiting to be filled finally.
INSPIRATION

▲ 图6-4　　王培娜　毛衫手稿

二、精纺面料

精纺织物主要是指精纺纯毛及毛混纺、交织仿毛的面料。它的外观精细、平滑、色彩沉稳，面料较挺，适于做西装、中山装、春秋装。

表现精纺毛织物时要作比较细致的刻画，才能突出其挺括、细腻的特点。服装的外轮廓造型用粗细适中的笔来勾画，要注意保持勾画线条的舒展挺直。另外，要画出服装上烫出来的线条，例如西裤的中缝，它很能表现精纺织物挺括的特色，给人一种挺拔精干的感觉。在色彩方面，因为精纺毛织物或者仿毛织物面料其色彩沉稳、柔和，给人以高档的感觉从而愉悦人们的视觉。在以色彩表现时，可用多色混合配色法，减少"原色"和"间色"的应用，而尽量采用"复色"。在使用高纯度色彩时，可以加入少量的同类色或者少量的灰色使之产生协调、滋润感觉而不显得刺眼和不舒服。具体的表现方法很多，如勾线的方法、平涂的方法，模仿面料暗纹的方法，带有明暗写实的手法等（如图6-5～图6-9所示）。

1. 精纺面料服装效果图作画步骤

▲ 图6-5　服装轮廓线条平滑、挺直，服装造型比较合体，反映出了精纺毛料衣服的外貌特征

图6-6　服装造型的轮廓非常简练，表现了精纺西服面料的挺括感，用淡彩勾画出织物所呈现的暗纹，清爽而细腻，体现了精纺毛织物的外观风格

2. 精纺面料服装效果图作品

▲ 图6-7

绘画：吴妍

◀ 图6-8

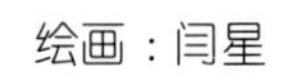

绘画：闫星

图6-9 ▶

三、皮革面料

皮革面料的主要特征是表面光滑，色泽明亮柔和，手感爽滑富有弹性，身骨丰满柔软。动物皮革要比人造皮革光感柔和，有小的肌理。人造皮革的光感较生硬。我们可以从不同的光感表现来区别各种质料的皮革。

皮革服装穿着于人体后在身体曲线以及四肢弯曲处起褶皱的地方会产生高光。因此表现皮革面料的质感，抓住其光泽感是关键也是最不容易表现的地方，一般初学者要先用素描、速写以写实的手法来体现，掌握其规律后方可用水彩或者水墨的方法来描绘。皮革属于比较厚实并且柔软的面料，所以皮革制成的服装穿在人体上会显得自然平整，挺括服帖，表现衣纹时应注意线条的力度。通常的皮革服装表现方法是将画面分为三层，即面料的受光面、灰调面、暗面，先平涂灰调面（色彩应比较稀薄，便于之后的上色），再较为细致地刻画暗面，最后用白色提亮受光面。另外也可用简练的概括、省略手法，用简单的留白，轻松活泼地表现出对象的质感，效果也较好（如图6-10～图6-12所示）。

1. 皮革面料服装效果图步骤

▲　图6-10

▶
图6-11　着色步骤为：灰色调-深色调-提亮，在表现光泽的部分，可用白色水粉颜料也可以用橡皮擦

2. 皮革面料服装效果图作品

绘画：王凯

图6-12 ▶

四、裘皮面料

裘皮是人类使用的最古老的服装材料之一，它轻、薄，富于动感，却又足够暖和和庄重。因其毛的长短、粗细、花色、曲直形态以及软硬度的不同，其所表现的外观效应也各异。绘画时要抓住裘皮面料具有蓬松、无硬性转折、体积感强等特点。表现裘皮具体的方法很多，对于比较细腻柔软的皮毛可以用晕染法，即先用水在所要描绘的皮毛部位湿润一下，在半干的时候，用水彩按照毛的走向着色，使色彩渗化，最后用笔蘸上稍深的颜色勾画。色彩之间由于水分的作用能够较为自然地衔接，外轮廓处由于水分的自然渗化而形成绒毛感。对于比较粗犷的皮毛可以用“撇丝”画法，将笔毛分多叉，蘸上较干的颜色，在已经染好色彩的皮毛部位，根据毛的结构和走向画出一丝丝的毛感。这种方法，用钢笔、铅笔、水彩笔等均可在边缘部分根据皮毛的结构走向进行表现（如图6-13～图6-17所示）。

1. 裘皮面料服装效果图步骤

图6-13　用“丝毛”的方法，根据皮毛的结构走向，在边缘部分画出一丝丝的毛质感。先用深色描绘，最后用白色在已画过的深色上加以刻画，进一步表现皮毛的质感

2. 裘皮面料服装效果图作品

▲　图6-14

▲　图6-15

▲ 图6-16

▲ 图6-17

五、丝纱面料

丝纱织物柔软、轻薄、色泽华美而又稳重，图案比较精细。对于丝纱质感的服装设计常见的都是比较宽松的款式，给人以清爽、舒畅的视觉感受。在描绘丝绸织物时，要求所勾画的线条应尽量避免呆板、粗糙，要细腻、光滑、流畅，并且为了强调面料轻薄、飘逸的特点，可特意把这类丝纱面料的服装画成处于飘动状态，从而加强面料的轻盈感。丝纱面料品种多样，所呈现出的外观也不尽相同，有色泽华丽的绸缎，也有透明、飘逸的纱绡，下面分别叙述。

1. 表现具有良好光泽的绸缎面料

由于构成绸缎的纤维蚕丝具有多层丝胶的层状结构，光线射入后，产生多次反射，经过反射光的相互辉映，产生明显而又柔和的光泽。这种光泽明显要比皮革、金属丝等面料柔和。总的来说，绸缎的外观特点是：表面光洁，手感柔软滑爽，色泽鲜艳，光泽柔和。所以要表现绸缎的质感，就应从表现其柔和的光泽入手。要想体现柔和的光泽，需要把画面中的明暗处理得和谐，优雅的灰调是必不可少的。

2. 表现具有透明感的纱绡面料

纱绡质地轻薄透明，手感柔爽富有弹性，外观清淡雅洁，具有良好的透气性和悬垂性，穿着飘逸、舒适。表现时要抓住这类丝织物薄而透明的特点。排除厚重的水粉画法，用透明性比较好的水彩技法来表现会取得好的效果。要注意描绘出单层、双层及多层面料重叠后出现的透明度的差异，有些纱绡类品种质地轻薄，但却具有良好的硬挺度，服装设计师常利用这一特点，采用此类面料做婚礼服、晚礼服，满足多种服装造型设计的需要。

3. 丝纱面料服装效果图步骤（如图6-18、图6-19所示）

图6-18　描绘了服装上的光泽感，体现出绸缎织物华丽的质感。绸面上的光泽，表现得自然生动，比较柔和

图6-19　用活泼、流畅的线条表现了双绉一类轻薄而具有飘逸感的丝绸织物的质感

4. 丝纱面料服装效果图作品（如图6-20～图6-25所示）

绘画：史海亮

▲　图6-20

绘画：史海亮

▲　图6-21

绘画：史海亮

▼ 图6-22

▲ 图6-23

绘画：史海亮

◀ 图6-24

绘画：吴妍

图6-25 ▶

绘画：史海亮

六、羽绒面料

棉衣、羽绒服装蓬大、松软、轮廓线条浑圆。特别是衍缝的羽绒服装，出现一团团泡鼓的外观形象，很有特点。表现时只要把这种蓬松感以及通过衍缝线迹，将服装出现一块块凸起的效应刻画出来，羽绒服的外观效果也就体现出来了（如图6-26、图6-27所示）。

羽绒面料服装效果图步骤

▲ 图6-26 描绘的是冬季棉衣类服装，浑圆和简练的轮廓线条对表现其蓬松、柔软、肥大的羽绒质感起了很大的作用

▲　图6-27　着意刻画羽绒服装上衍缝的线迹以及所呈现出的一块块泡鼓的形象

七、牛仔面料

牛仔面料质地厚实，纹路清晰，可以防皱、防缩、防变形，一般用来做牛仔装、春秋服装、工作服等。由于织物硬，所以衣片缝合处、贴袋处都采用双缉线。一方面增加牢固度，另一方面起到装饰作用。另外布面不是很细腻，给人粗犷、豪放的感觉。牛仔面料的常用色彩为靛蓝色，它是一种协调色能与各种颜色上衣相配，四季皆宜，靛蓝也是一种非坚固色，越洗越淡，越淡越漂亮。我们可以通过描绘这类面料服装独特的双缉线迹以及水洗后变淡的色彩来表现面料质感，通常在粗糙的纸面上用涂抹干擦的办法表现出面料粗、厚、硬的外观效果。用这类面料做出的服装，外轮廓比较明确、硬爽，衣纹较大而整体。在描绘时要注意这些特征。除了靛蓝色牛仔以外，还有其他花色牛仔布，质地相同（如图6-28～图6-32所示）。

1. 牛仔面料服装效果图步骤

▲ 图6-28 牛仔裤的轮廓线条画得挺直有力，表现出面料厚而硬的特点。用橡皮擦画来表现牛仔水洗的效果，更为生动

◀
图6-29　只要抓住了牛仔布服装的造型特征和缉线特征，就能成功地表现其质感

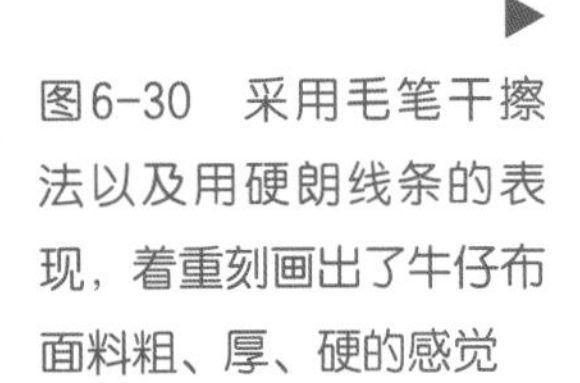

图6-30　采用毛笔干擦法以及用硬朗线条的表现，着重刻画出了牛仔布面料粗、厚、硬的感觉

2. 牛仔面料服装效果图作品

▲ 图6-31

绘画：王凯

▲ 图6-32

把一件宽大的布料表现在一张小小的画面上，是一件不容易的事情，不可能画得非常逼真，也没有必要。服装设计中的面料选定，必须适合于表现的那种式样，所以只要笼统地表现面料的外貌就行了。总而言之，是透过外形、设计线、鼓起的形态、皱纹等来表达质地的印象。不用画出衣料的真面目，只要顾全如柔软、刚硬、厚重、轻薄、有张力、透明等的性格就达到了绘画的目的。虽然不容易表现，但是只要我们肯下功夫素描实物，看图片，或者是参照专家画的，细心观察，忠实地反复研究学习，则有志者事竟成。

第二节　面料图案的表现技法

服饰图案的表现技法多种多样。构思成熟以后，需要运用图案的表现手法，通过绘画工具的描绘，使之成为可视的艺术形象。各种技法的表现力不尽相同，适用于不同的服装装饰的需要。根据不同的对象、不同的服饰、不同的图案风格和不同的设计意图，选用相应的表现技法，以达到较好的艺术效果。

随着服装工业的发展，服饰制作工艺也将不断更新，款式的流行更是层出不穷，因此，服饰图案的表现技法也将会不断地丰富和发展。

一、点的表现方法

1. 点的描绘是图案的基本技法之一

在服装图案设计中，点不仅有大小方面之分，还具有情感和象征的作用。它是平面设计中最简单而又具有无穷变化的图案。描绘服饰图案中的点是通过点的大小、疏密、轻重、虚实的处理，获得不同的装饰效果。点的形状有圆点、方点、三角点、菱形点、米点、槟榔点、泥点等，有规则和不规则的区别。圆点是最常用的。著名的波尔卡点子纹即是一种深色底上白圆点，为女性裙装的传统图案，特别适宜表现女性的妩媚。大圆点图案则表现了儿童的稚趣，不规则点子也很常用，如仿豹纹常用于妇女的人造裘皮大衣和针织紧身衣，后者则被人认为相当的迷人。

点的组合方式也很多，有大小一致的点子纹，也有由大小各异的点子构成的纹样，还有由形状不同的点子构成的图案。有等间规则排列的点纹，也有间隔不等的种类。规则的点纹易于给人均衡、稳定且较整齐的感觉，但也易显得单调或呆板。面积形态的对比和位置的疏密变化，则能赋予图案动感、韵律和种种强烈独特的刺激效果。描绘时以点的排列组成各种线形；以点表现具象、抽象形象的轮廓、结构或面的关系；以点表现纹样的明暗、层次、宾主关系；或以点衬托装饰纹样的主题。规则的点可以加强装饰性，不规则的点可以增加气氛。

点的描绘一般用毛笔、绘图笔，也可根据需要采用海绵、泡沫、喷笔等多种工具，来表现特殊效果。须注意的是：不要在同一画面中，运用太多不同形状、不同类型的点，避免产生杂乱无章的效果。在表现明暗关系时，点由疏到密均匀地逐步过渡，表达出细腻、丰富、生动的效果。

服饰图案中点的应用很多，多见于印花织物，提花点字纹则具有较强的立体感。就纤维分类而言，点字纹多见于轻薄的丝绸、棉、麻及化纤仿制品。此外，针织服装中常用大小不同的点作为主体装饰。礼服、表演服等常用点状亮片的排列组成各种纹样使服装更加华丽。服饰配件如皮鞋、皮带、皮包等皮件制品，常采用打空眼组成花纹，作为装饰。这些都是点的应用。

2. 服装效果图中点的表现（如图6-33、图6-34所示）

▲ 图6-33

▲ 图6-34

二、线、格纹的表现方法

1. 线的表现方法

和点纹一样，线纹也普遍用于服装面料中。线有直线、曲线之分。直线有垂直线、水平线、斜线；曲线有弧线、涡线、波纹线等。还有粗细、虚实、规则和不规则的线等。线代表轨迹、距离和方向，线的作用既可描绘形体轮廓与结构；又可分隔块面，丰富层次，表现一定的明暗关系，增强画面生动感。正因为如此，线纹常被设计师用来勾画人体的曲线、轮廓，设计师可以运用直线、横线以及曲线对人体高矮胖瘦营造视觉上的欺骗。

描绘线的工具用绘图笔或毛笔。绘图笔宜表现粗细相同的均匀线条，或用来绘制不连贯的虚线、断续线、切线等；毛笔也能表现粗细均匀的线条，但若要有粗细、顿挫变化和不规则的线条，毛笔则有较强的表现力。

服饰图案中线的应用相当广泛。印花、织花中具象和抽象的装饰形象，相当一部分都以线来表现；内衣、衬衣和连衣裙的绣花图案，也常用线表现；呢制外套及粗纺面料制作的外衣，袖口、口袋的边缘常用切线状的线条来做装饰；儿童服装的贴花、绣花图案，常用彩色的外形线作为装饰（如图6-35～图6-38所示）。

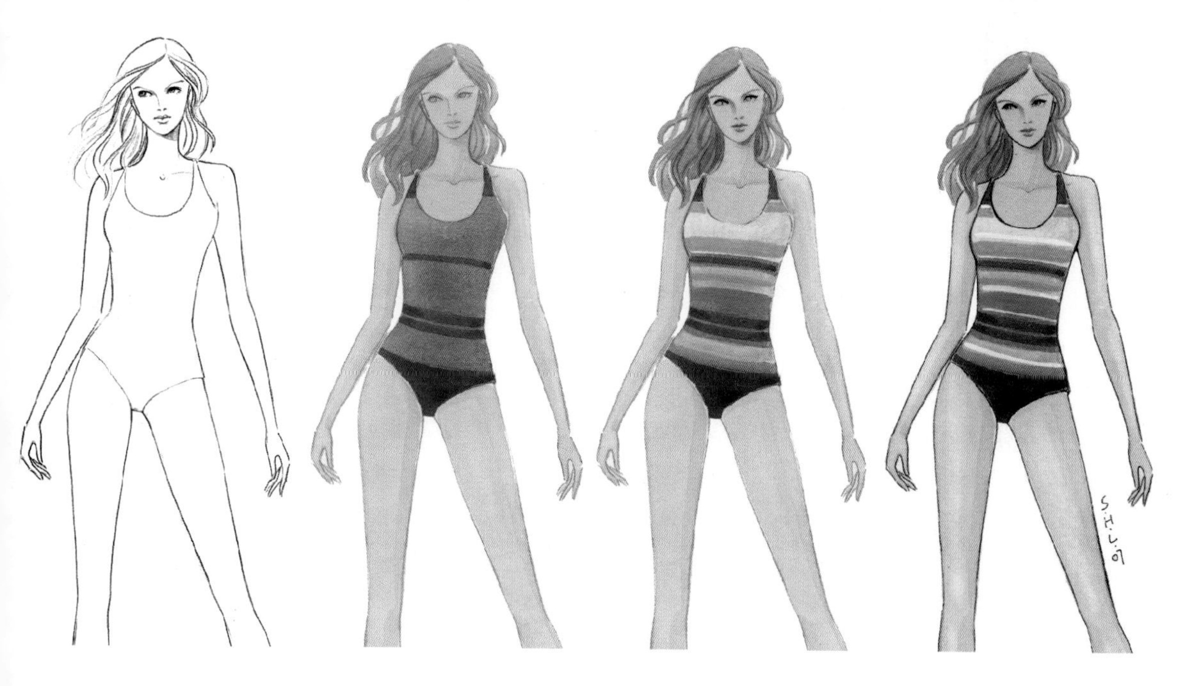

▲　图6-35

绘画：吴妍

▲ 图6-36

绘画：王凯

▲ 图6-38

▲ 图6-37

2. 格纹的表现方法

格纹的历史久远，欧洲服装中格纹常以洁静优雅和古典风格出现，如传统的苏格兰妇女的格子呢披肩和男士的格子呢苏格兰裙以及19世纪中叶的克里诺林裙常采用较大厚重的格子布制作。格纹除了适合男子的衬衫、夹克、西装、裤子、领带和帽子外，也适合女子的围巾、裙子和裤子。当然各种运动装和便服也广泛采用格纹。如果女性穿着用格子纹做的衬衫，则被认为是兼有男性的英俊和女性的妩媚。对格纹来说，易使人在心理上产生一种稳定感、规整感和体积感。

描绘格纹的工具常用麦克笔、绘图笔或毛笔。麦克笔易使线条保持粗细相同，尤其是油性麦克笔，相同的色彩重复后会产生叠加的效果，特别适合格纹的表现。绘画时无需过于注重面料的褶皱对格纹走向的影响，否则会使画面产生杂乱的感觉。一般采用平涂的技法就能达到较好的效果，因为格纹本身就能够使画面非常丰富；而且条纹一般以印花织物为主，而格纹则以色织物居多，前者属中厚型织物，后者属厚重型织物，对于厚重型织物来说是不可能产生过多细碎褶皱的（如图6-39所示）。

▲ 图6-39

三、印花的表现方法

在服饰图案中，印花的运用也很广泛，如丝绸印花、织花，棉布印花，羊毛衫、针织内衣的装饰纹样；儿童服装的人物、动物、花卉形象；连衣裙、呢制外衣也有采用不同材料、不同色彩的印花作装饰的。因此印花的表现方法也是图案的基本技法。花型分为大、中、小三类，有写实，也有侧重意念情趣表达、潇洒写意风格和简练明快的抽象。按印花在服装上所占面积的多少分为：清地图案（面料中纹样占据面积小而底色占据面积较大的图案）、混地图案（纹样面积与底色面积大致相等）、满地图案（纹样所占的面积远远大于，或者完全占满底色的面积）。花样的性格有动与静、明快与沉闷、强与弱、粗犷与纤细之别，花样图案的大小要与人体的尺度相结合，还要根据服装的款式结构进行部位的安排。

绘画时，要把大幅的印花布搬到小幅的画面上，不可能做到忠实地表现，所以必须借助高明的变形和省略的手法。印染成花草的花纹时，如果用写实手法表现的话，主要的细部设计线和外形的印象往往会被冲淡。所以除非蓄意用服装图案描述衣料，否则宜作抽象的表现，避免使花纹具象化。此外，与其整件衣服布满花纹，倒不如以观者能够明白花纹为度，其余的宜大量省略，效果更卓著。省略，不单是把多余的省略，而且借此加强了必须描述的

目标，是使画面印象鲜明所采取的重要技巧，所以高明的省略是服装图案须具备的条件。常用的手法是平涂块面，根据印花面的大小、主次和分布的位置，运用色彩的对比或调和来处理。描绘的工具一般采用毛笔或水粉笔。

施展省略手法时应注意：大花纹的长衫，当设有本布做的小领和屏式开口时，为了描写这两个细部都是用同衣料，必须附几笔大花纹的局部才行。否则领子和屏式开口将被误解为是素地无纹的他布（如图6-40～图6-44所示）。

图6-40

绘画：李翠云

▲　图6-41

绘画：王凯

▲　图6-42

▲ 图6-43

图6-44 ▶

面料图案的表现，是时装画整体的一部分，对于图案的表现技法，应与时装画的整体风格协调。由于面料的纹样是按一定的规律排列，较为复杂，会使我们在表现时装画面料时，出现烦琐和难以控制总体效果的困难。解决这个问题的方法是根据不同的类型或不同的风格，将分布在时装主要部位的面料图案着意刻画，其他部位的图案，则可作简单、省略处理。

第七章　服装画的风格表现

- 第一节　服装画的写实风格
- 第二节　服装画的夸张风格
- 第三节　服装画的简化风格
- 第四节　服装画的装饰风格
- 第五节　服装画的趣味风格
- 第六节　服装画的衬托风格

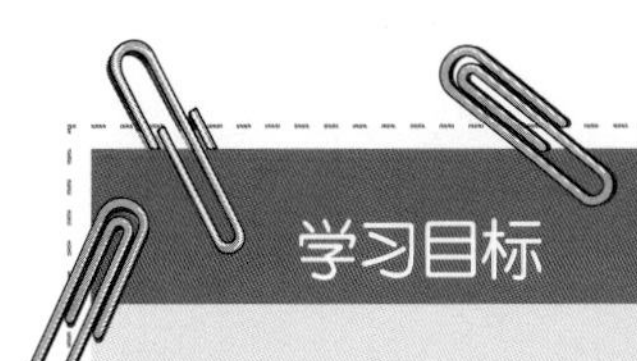

学习目标

熟悉各种服装画的绘画风格，掌握服装风格与服装画风格之间的关系，学会用不同的服装画风格表达服装设计和服装的基本理念。

服装画的风格是指服装设计师或服装画家在设计或创作过程中表现出来的艺术特色和创作的个性。由于每位设计师或服装画家的背景、个性和技巧不同，所表现出来的风格也是千姿百态、各有千秋的。同时艺术思潮与服装绘画以及服装设计在一定的时期内也存在着一种内在的、必然的联系。服装和服装画都折射出那个时期的艺术和设计思潮。

从各个历史时期和众多设计师服装画的风格中，大致可以归纳为以下几种服装绘画的风格。

第一节　服装画的写实风格

服装绘画风格的主要特点是“真”，因此也叫作“写真法”。

也就是以客观现实为标准，是一种接近于现实的描绘风格。对人物及服饰刻画得比较准确细腻，给人一种亲切自然的感觉。虽然也有所夸张，但不可忽视概括和取舍，源于生活而高于生活。无论是服装的款式、结构、色彩还是人物的形体、比例及表情都要逼真、自然，接近现实（如图7-1～图7-3所示）。

水粉淡彩是写实风格的一种表现手法。皮毛头饰的表现用水粉干湿结合并运用大量的小笔触勾画其针毛，蕾丝花边边缘细节的刻画起着画龙点睛的作用。

图7-1 ▶

绘画：孙新丰、由

作者采用娴熟的水粉淡彩和水粉干擦技法，生动地描绘出服装的明暗关系和肌理效果，尤其对人物头部细致的描绘更加表达了写实风格的显著特色。

▲　图7-2

写实的绘画风格能够准确地表达出关于服装的信息。此作品采用水粉淡彩和铅笔勾线的手法，将面料的图案、色彩、款式等表现得淋漓尽致，写实的手法一般不能过分追求其真实感。

▲ 图7-3

第二节　服装画的夸张风格

服装画本身就是一种夸张的绘画，几乎所有的服装都有夸张的因素。服装画的夸张手法，更具鲜明的个性特征，“形”的体现最为明显。具体说就是通过夸大或拉长人体和服装的部分特征，突出人体美或强调服装的造型特点，创造气氛，突出和强化主体（如图7-4、图7-5所示）。

▲ 图7-4

绘画：张似璇

▲ 图7-5

第三节　服装画的简化风格

服装画的简化手法，“简”是其主要特色，简洁、简便、简明扼要，“简”就是要省略次要的细节，或以简单的几何图形去表现其特点，或寥寥数笔去勾画其神韵。

简化不是简单，必须让人明确服装的主要特色和设计意图(如图7-6～图7-8所示)。

绘画：张蓓蓓

图7-6 ▶

◀ 图7-7

图7-8 ▶

第四节　服装画的装饰风格

抓住时装设计构思的主题，将设计图按一定的美感形式进行适当地变形、夸张艺术处理，将设计作品最后以装饰的形式表现出来，便是装饰风格的时装画。装饰风格的时装画不仅可以对时装的主题进行强调、渲染，还能将设计作品进行必要的美化。变形夸张的形式、风格、手法是多样的，设计者往往在设计时装作品时，对所设计作品的特点进行重点强调，可采用多种手段。通常，设计师所表现的时装效果图，多少带有一定的装饰性(如图7-9、图7-10所示)。

▲　图7-9

绘画：周锡勇

▲ 图7-10

第五节　服装画的趣味风格

趣味就是以情趣引人入胜，通过人物的形态、动作或神态语言来表现。

漫画的手法是趣味风格的主要手段，以增加服装的表现力和感染力，适合表达轻松、浪漫风格的服装(如图7-11、图7-12所示)。

图7-11 ▶

绘画：邢磊

▲ 图7-12

第六节　服装画的衬托风格

衬托就是以情景取胜，通过服装人物以外的背景和空间处理，达到衬托人物、烘托画面气氛的作用，从而强调主题。背景的内容包括：景色、景物、人物、道具等内容。主要的手法有：边线衬托、道具衬托、背景衬托和环境衬托(如图7-13、图7-14所示)。

图7-13 ▶

▲ 图7-14 绘画：周锡永

第八章　服装画电脑技法表现

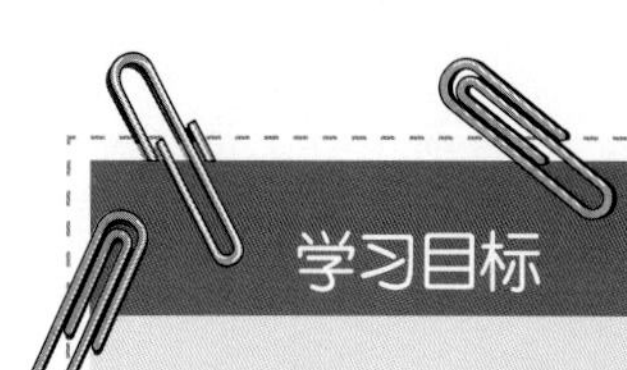

学习目标

认识与掌握多个服装绘画的常用软件，能运用电脑进行服装画表现。

随着电脑技术的普及及电脑软件的不断开发，电脑绘画已经广泛地渗透到各个领域，如动漫、插图、广告制作、网页制作、服装设计、建筑效果图、各种示意图、演示图等成为其高效便捷制作的重要手段。电脑服装画跟传统的手绘服装画相比，其优势在于电脑时装画表现手法更加多样；色彩调和方便快捷并且真实丰富，同时对于已经画好的色调也可以进行调整；可以实现一些手绘很难实现的效果，比如高仿真、写真效果，甚至可以很好地模仿手绘笔触等；设计图案轻松快捷；可以随意放大缩小，修改、变形方便，可以随意地撤销操作；复制方便，制作速度快捷，保存耐久及传输方便，画面效果奇特等。有关的绘画软件工具很多，各有优势，适合服装画绘画的常用软件有Painter、Photoshop、Illustrator、Coreldraw等。这些软件各自具有强大的功能，我们不可能将所有的工具全面熟练地掌握，只能根据每个软件各自的特征有选择地运用。限于篇幅的限制，本章只能从各绘画软件的风格、特征入手，简略地介绍各软件中常用的工具，旨在对大家的电脑绘画学习起一个引导的作用，可以根据自己的绘画风格，选择适合自己的软件着重学习。

需要注意的是，电脑绘画并不是万能的，它具有很大的局限性，比如，在线条的绘画上不会像手绘一样得心应手，线条往往看上去比较死板僵硬；上色时的笔触也不如手绘随心所欲等。因此，我们有时会选择手绘结合电脑的方法，发挥二者各自的长处，避免其缺点，这才是绘制时装画的最佳选择。

一、具有手绘风格的Painter

Corel公司的Painter是非常出色的仿自然绘画软件，是绘画时装画的首推工具。它提供了前所未有的丰富笔刷和材质，为数字绘画的创意增加了更多可能，是目前世界上最为完善的电脑美术绘画软件，在电脑上首次将传统的绘画方法和电脑设计完整地结合起来，形成了其独特的绘画和造型效果。对于服装设计师而言，Painter是一个非常理想的绘画工具。神奇变幻的笔刷是Painter的主要特色和优势，且每种笔刷中，都可以调整笔尖类型、笔触、透明度、压力等各种参数，其艺术表现力令人叹为观止。我们在使用Painter软件时一般配用数位板工具，具有笔尖压力感应的数位板，是计算机绘画创作的有力武器，而且，Painter中很多笔刷的效果表现必须依赖于笔触的压力感应。

Painter最具优势的是它各色各样的笔刷，我们在学习利用Painter绘画时，应该先了解各种笔刷的性能特征，然后根据自己的个人风格确定自己常用的几种即可，并且可以根据自己的习惯来自定义笔刷，以方便绘画（如图8-1所示）。

每种画笔下拉菜单中提供了几十种笔触，再加上根据需要自定义的笔触，可谓变化万千了。初学者往往被如此之多的样式弄得云山雾罩，其实在功能上主要有几大类：覆盖颜色的；调和其他颜色的；显示颗粒效果的；变化笔尖的；擦除颜色的。这些笔刷大部分都可以直接使用，并且视觉效果非常直观，以下仅简单介绍几种典型的笔刷样式（如图8-2所示）。

要想掌握每种画笔的特点并熟练运用并非朝夕可至，在练习时，一幅画中尽可能使用一种笔触画到底，这是熟悉并喜欢上某种笔触的好方法。

还有一些制作特殊效果的笔触，比如Tinting（染色笔）中的调和笔可以使相邻的两种色块或者前景色与背景色之间相互调和，产生渗化效果；海绵笔可以营造出一种类似印象派的混色效果；克隆笔可以自由地将原图像的内容克隆到当前的目标文件上；图案笔可以将当前图案面板中的图案设定为笔触来绘画；照相笔可以给绘好的图像润饰增效，比如减淡、加深及模糊等。初学者在学习时需要耐心地多加试验，才能领会其中的技巧。

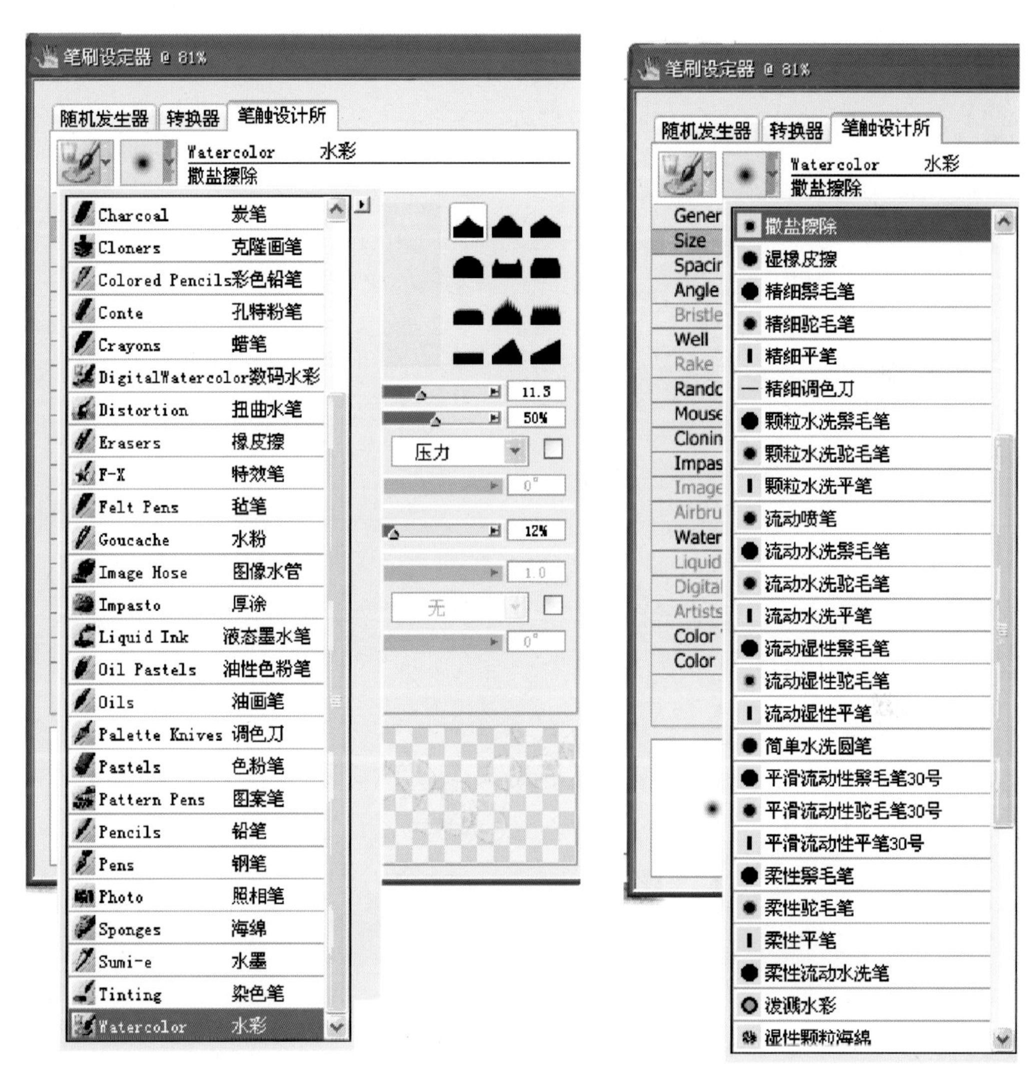

▲　图8-1

▲ 图8-2

◀ 图8-3

图8-3是用Pencils（铅笔）画笔简单勾勒后利用Watercolor（水彩）涂色的比较写意的绘图方法。

图8-4主要用铅笔工具配合数位板仔细勾线后，用水粉笔刷简单描绘色块的形式上色，画完后随意地勾画背景以营造气氛。本图没有任何软件工具的技巧，仅使用最基本的勾线及填充工具完成，并注意调整各图层的不透明度。可见创意及基础绘画的技能才是最根本的和必需的。

图8-4 ▶

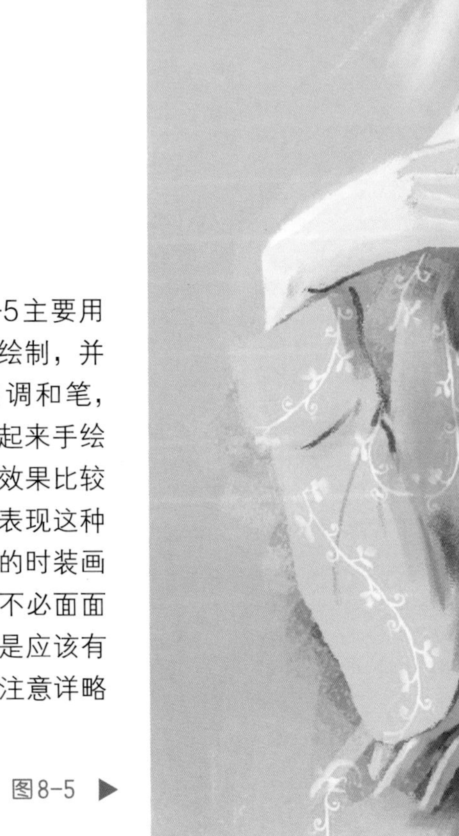

图8-5主要用粉笔工具绘制，并适量使用调和笔，整幅画看起来手绘粉笔画的效果比较浓厚。在表现这种写实风格的时装画时应注意不必面面俱到，而是应该有所取舍，注意详略得当。

图8-5 ▶

图8-6中主要体现水彩笔工具的应用，先用铅笔/覆盖铅笔简单地勾勒线条，线条颜色选择较柔和的褐色，用水彩笔上色可以体现色彩饱和的水彩画风格。衣服的花边用到图案笔工具，纱质面料的图案是水彩笔/漂白泼溅工具的一点应用。整幅画给人一种酣畅淋漓、一气呵成的感觉。

▲ 图8-6

图8-7主要使用染色笔绘制，以平涂的手法，追求比较平面化的有点“拙”的装饰效果。这种风格的时装画看起来似乎比较简单，但是在画面的构思及色彩的搭配上却需要非常缜密地思考，人物的造型也需要反复的修改，看似轻描淡写不经意的每一笔，实际上都是煞费苦心的，正所谓大巧若拙。比如对于眼睛的描绘，虽然没有笔触及色彩的变化，眼神中却能传递出一种恬静之美和一丝淡淡的忧伤。

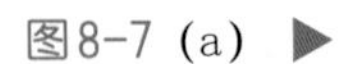

图8-7 (a) ▶

▲ 图8-7(b)

二、功能强大、表现力丰富的Photoshop

Photoshop是平面图像处理业界霸主Adobe公司推出的图像处理软件，它功能强大，操作界面友好，它在图形、图像处理领域拥有毋庸置疑的权威。无论是平面广告设计、室内装潢，还是处理个人照片，Photoshop都已经成为不可或缺的工具。Photoshop支持众多的图像格式，对图像的常见操作和变换做到了非常精细的程度，它拥有异常丰富的插件(滤镜)，并为我们提供了相当简捷和自由的操作环境，从而使作图游刃有余。它为设计工作者提供了无限的创意空间，可以从一个空白的画面或从一幅现成的图像开始；可以在图像中任意调整颜色的色相、明度、彩度、对比，甚至轮廓。就服装设计的应用来讲，我们可能仅仅用到它极少量的功能，即便如此，想要用它画好服装画并非在朝夕之间，只有长时间地学习和实际操作我们才能熟练运用。

用Photoshop画时装画，我们可以完全用电脑来画也可以手绘线稿后扫描至电脑中，用Photoshop来填充颜色。在直接使用电脑作图时，事先勾画草稿可以便于造型的把握。在绘画的风格上可以是写实的（图8-8、图8-9），也可以进行夸张和写意；既可以模仿自然笔触利用数位板涂画，也可以使用路径营造简洁规整具有装饰风格的效果（如图8-10、图8-11所示）。

绘画：seven

▲ 图8-8

绘画：张静

▲ 图8-9

绘画：张静

▲　图8-10

▲ 图8-11

以下介绍手绘与电脑相结合绘图的作图步骤。

步骤一、扫描线稿

运行Photoshop打开已经画好并扫描进电脑的线稿（图8-12），因为最后完成稿中线稿将被完全覆盖，所以不必计较线稿是否清晰干净。

▲ 图8-12

步骤二、人物皮肤的绘制（如图8-13所示）

新建一图层，命名为“皮肤”，给皮肤上色，可以有两种方法：一种是选择笔刷工具，打开拾色器选择合适的皮肤色，在需要的地方平涂，然后稍微表现出一点明暗关系，用加深工具即可；另一种是利用钢笔路径工具，将皮肤以路径的形式勾画出来然后填充路径并描边。这里采用的是第二种方法，被衣服遮住的部分可以画得随意些。描边时同时按住Shift键可以使用“模拟压力”产生有变化的粗细线条。最后使用颜色加深工具绘制简单的皮肤阴影。

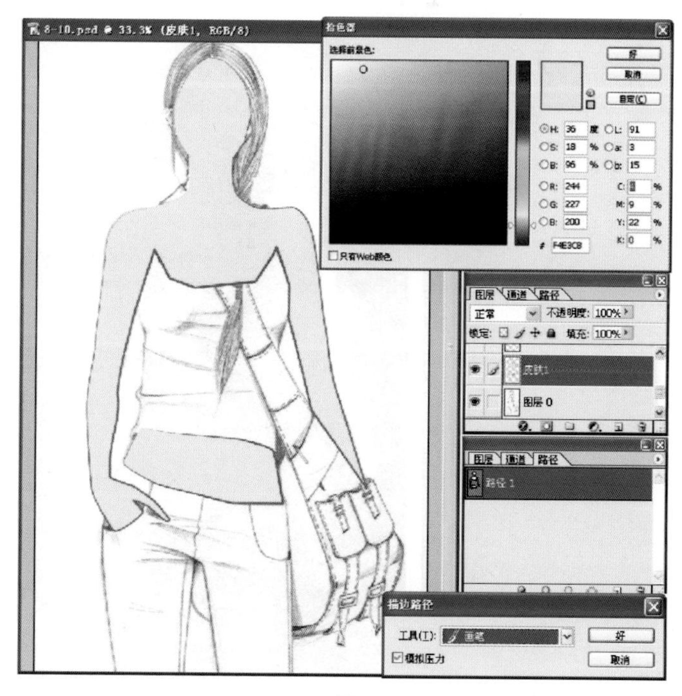

▲ 图8-13

步骤三、五官及头发的绘制（如图8-14所示）

新建一图层，命名为“五官”。这时你要做到的最重要的是耐心，就像手绘一样拿鼠标来画，当然，如果拥有一块数位板用压感笔来画是最理想的。五官画完后再画一点腮红和眼影渲染一下，退晕的效果可以用涂抹工具来实现。

新建图层，命名为“头发”，依然用笔刷工具先铺整体色调，然后用加深、减淡工具画出暗部和亮部。在此，可以营造头发蓬松的效果，笔触选择“湿海绵”。

降低不透明度。绘画完毕后，调整本图层的色彩平衡、亮度/对比度及色相/饱和度，可以改变发型的色调及明度、对比度，调制出自己喜欢的最终色彩。

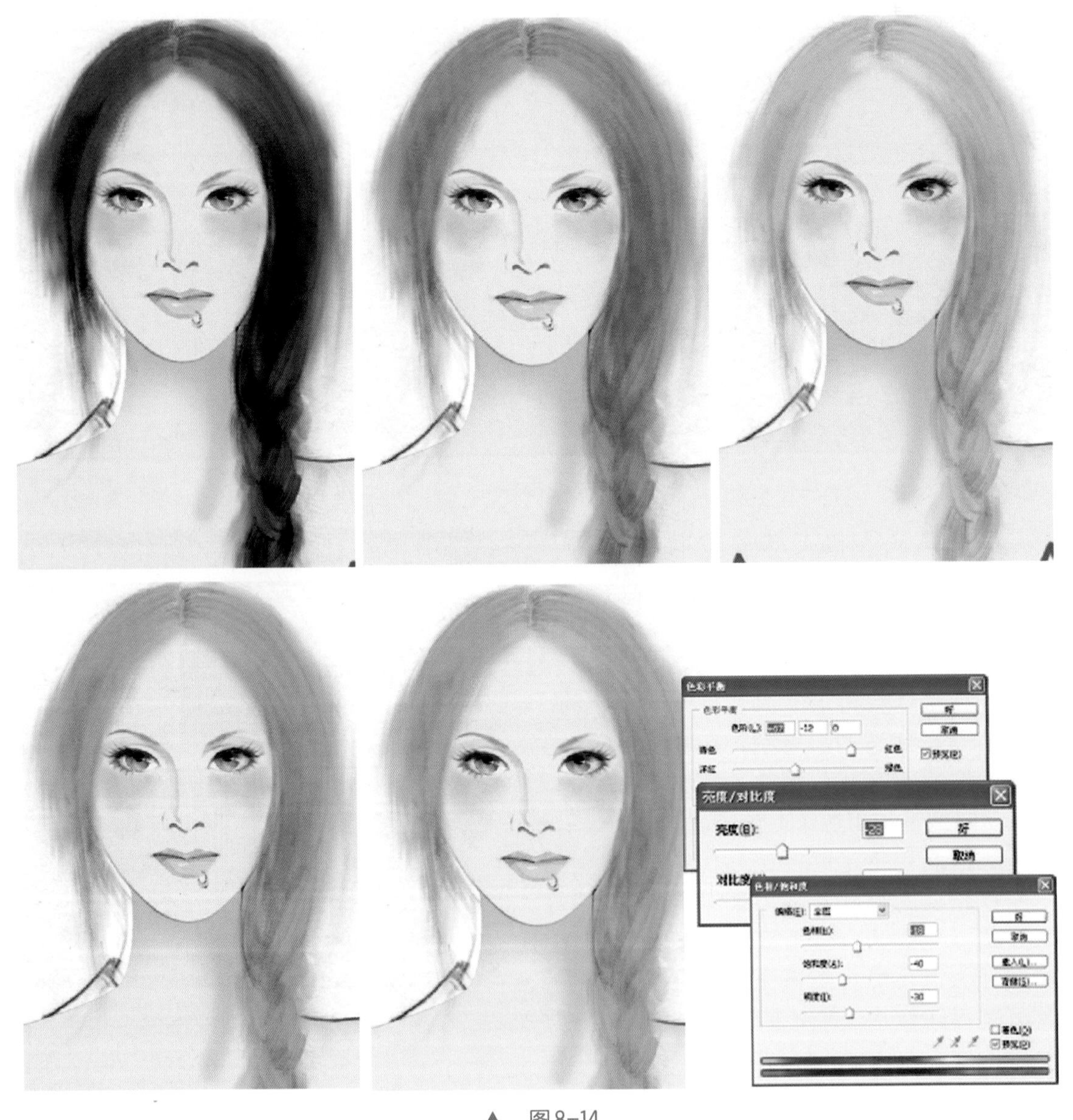

▲ 图8-14

步骤四、上衣的绘制

在“皮肤”层上面新建图层，命名为“上衣”，在上色之前考虑好色调及是否填充图案，比如此例中打算设计花布上衣和单色裤子。首先画底色，为了不至于画出边缘，最好先做出衣服的选区，或者同样使用路径来画，并简单表现出暗部。刻画毛边时，在画笔预设中选择比较粗糙的动态形状，用毛笔工具涂抹，注意笔触要大一点可以使毛边的感觉更加明显，画好后用涂抹工具稍加修整（如图8-15所示）。

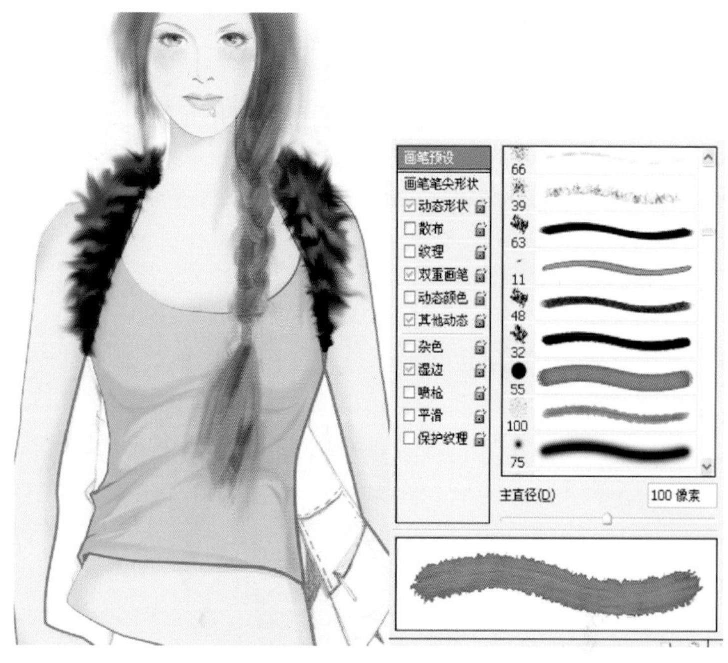

▲　图8-15

关于图案的填充有两种方法：一种是直接将事先设计好或者从已知的素材中获取的印花布直接覆盖到衣服上；另一种是自定义图案，然后进行填充。以下分述之。

方法一：花布覆盖

打开已知的花布文件，将其拖动到“上衣”图层上，形成新的图层，调整大小，放置在上衣合适的位置或完全覆盖。

在图层“上衣”上用魔术棒工具点击空白处，选取上衣以外的部分，然后在花布层按删除键，将花布多余的部分删除，并将图层属性设置为“正片叠底”，如果觉得底色过暗，可以再行调整“亮度/对比度”或者“曲线”（如图8-16所示）。

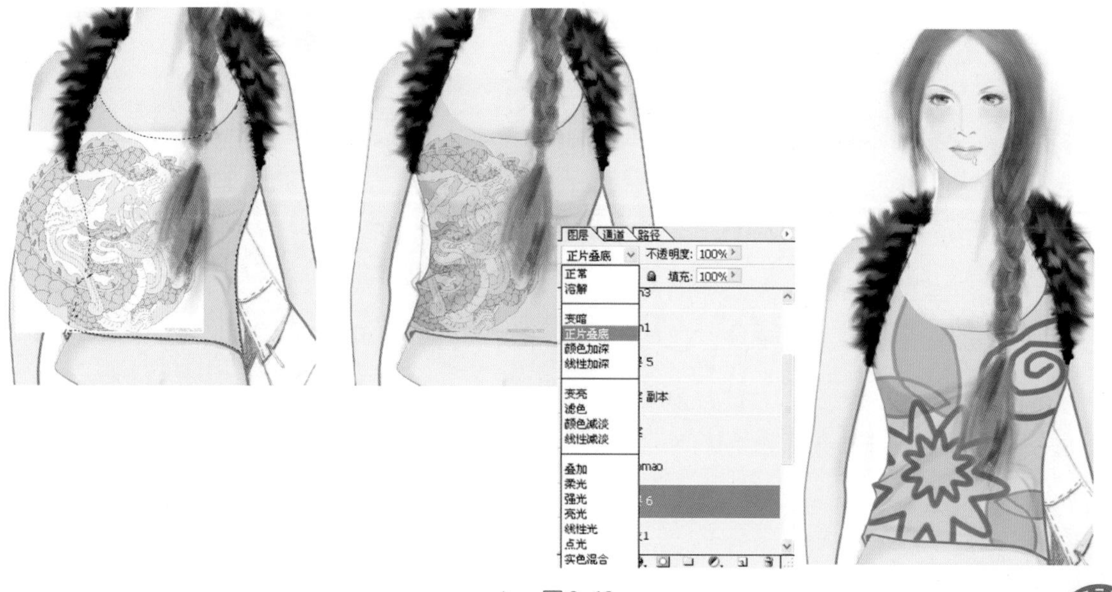

▲　图8-16

方法二：图案填充

新建文件大小设为150×150像素，在新文件中根据需要设计图案，将背景删除掉，然后选择编辑菜单中的“定义图案”，所设计的图案便插入到图案列表中。回到原文件，在图层“上衣”上用魔术棒工具点击空白处，再反选，选取上衣部分，新建图案图层，填充图案，参数设置为正片叠底，减少不透明度。图案单元也可以从默认的图案素材中截取，填充形成四方连续（如图8-17所示）。

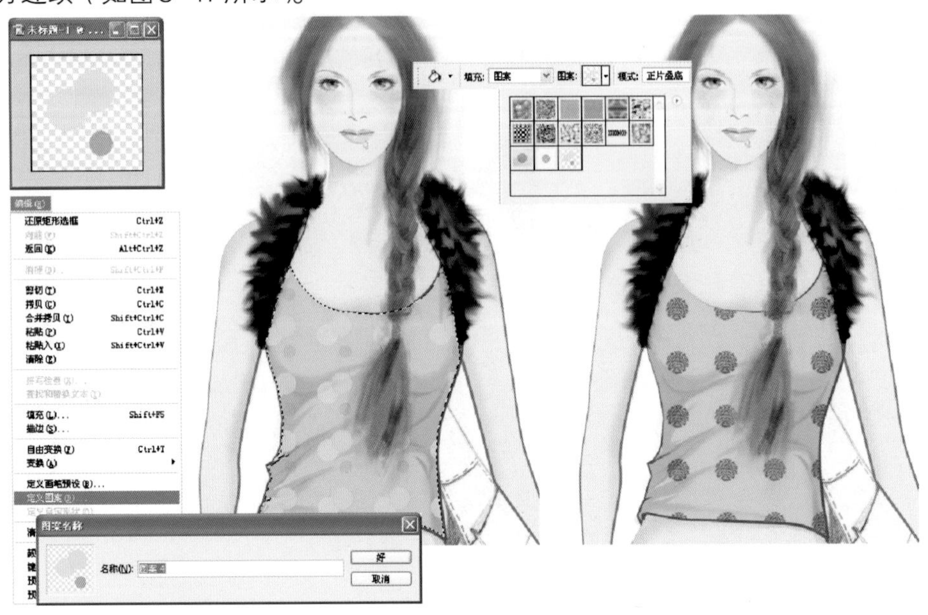

▲ 图8-17

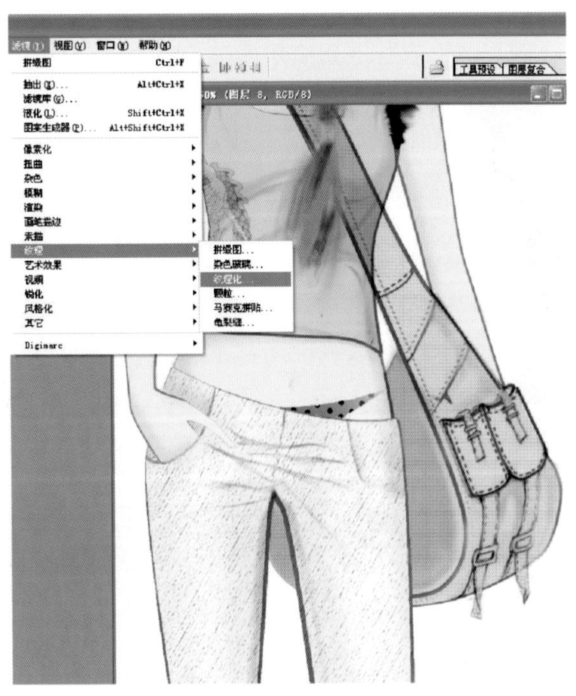

▲ 图8-18

步骤五、裤子和包的绘制

分别建立“裤子”和“包”图层，注意图层的顺序，依然用笔刷工具完成。可以做一些肌理的效果，以突出质感。关于肌理的处理，方法有多种，比如直接使用滤镜中的纹理，也可以自定义画笔使用纹理笔触直接绘画（如图8-18所示）。

步骤六、调整完成

整体修整，根据画面的需要添加细节，比如本图中添画上一点蕾丝，裤子加缝迹线，并根据画面效果调整色彩使之更加合理，最后将多余的底稿线条擦除，合并可见图层，加一点简单的背景来衬托，最后效果如图8-19所示。

图8-19 ▶

Photoshop作品赏析

图8-20是鼠标直接描绘的作品，主要使用毛笔工具，先铺好大致色块，然后使用加深、减淡及涂抹工具耐心细致地完成。

◀ 图8-20

绘画：张静

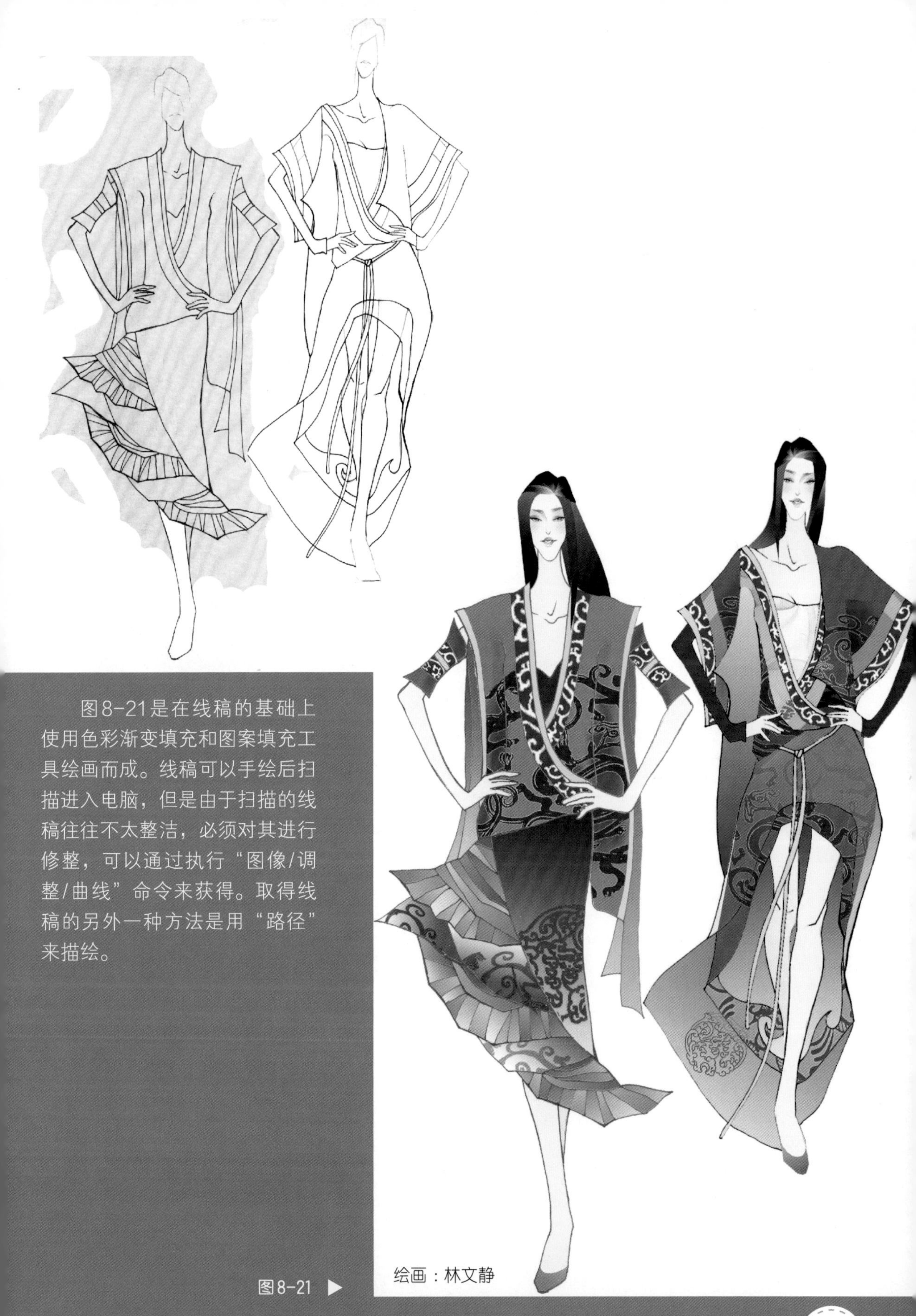

图8-21是在线稿的基础上使用色彩渐变填充和图案填充工具绘画而成。线稿可以手绘后扫描进入电脑，但是由于扫描的线稿往往不太整洁，必须对其进行修整，可以通过执行“图像/调整/曲线”命令来获得。取得线稿的另外一种方法是用“路径”来描绘。

图8-21 ▶

绘画：林文静

▲ 图8-22

图8-22～图8-24均是将画好的手稿直接涂色而成，最后的效果需要保留手稿的线条，因此，各个绘画图层的属性应设置为“正片叠底”。衣服的明暗用“加深/减淡”工具获得。

图8-23 ▶

◀ 图8-24

 Coreldraw在服装绘画中的应用

Coreldraw是基于矢量图的软件，是当今最新最流行的计算机图形设计软件之一，它是一个非常庞大的绘图软件，并且有着非常强大的图形处理功能。它提供给设计者一整套的绘图工具包括圆形、矩形、多边形、方格、螺旋线，并配合塑形工具，对各种基本形做出更多的变化。如圆角矩形、弧形、扇形、星形等。同时也提供了特殊笔刷如压力笔、书写笔、喷洒器等，以便充分利用电脑处理信息量大、随机控制能力高的特点。Coreldraw提供了各种模式的调色方案以及专色的应用、渐变、位图、底纹的填充，颜色变化与操作方式也是非常方便的。

在服装设计中我们经常会用Coreldraw做如下工作：服装效果图的绘制、服装商标吊牌的设计、服装图案面料的设计及服装款式图的绘制等。用Coreldraw绘制的效果图具有明显的矢量图风格，看起来更像插画。

在服装设计中的应用，也只是用到Coreldraw庞大工具中极少的一部分而已，其中用到最多的是形状和曲线工具，这两个工具虽然看起来简单，但没有一定时间的练习是做不到熟练运用的。Coreldraw表现力极强，也可以绘制非常写实的效果，但作为绘画服装效果图来讲，一般不提倡这种方法，而是充分利用本软件矢量图的优势，追求简洁明快、清爽怡人的效果。有时候同样的服装和人物可以用不同的手法来表现（如图8-25、图8-26所示）。

▲ 图8-25

▲ 图8-26

手绘工具配合形状工具的使用是Coreldraw绘图的核心，交互调和工具也是完成一些特殊的效果所必不可少的。图8-27中头发使用了艺术笔工具，上衣的花色使用了图案填充，衬裙则利用了填充纹理工具，并进行了交互式透明处理。

图8-27 ▶

绘画：张静

▲ 图8-28

图8-28、图8-29没有使用过多的绘画技巧，使用比较明快饱和的色块来表现，人物形象比较卡通，具有明显的插画风格。

图8-29 ▶

绘画：龙志文

除了设计标志及服装吊牌、服饰图案及面料外，服装设计人员更多地使用Coreldraw来绘制服装款式图。特点是速度快、准确、操作方便。

以下通过实例来说明如何快速简便地画彩色服装款式图。

步骤一，根据第四章中介绍的画平面款式图的方法步骤，先打开已经做好的模板，设置成稍浅一些的颜色，以便于和将要绘制的款式图区分开，并锁定对象，不要忘记另存文件（如图8-30所示）。

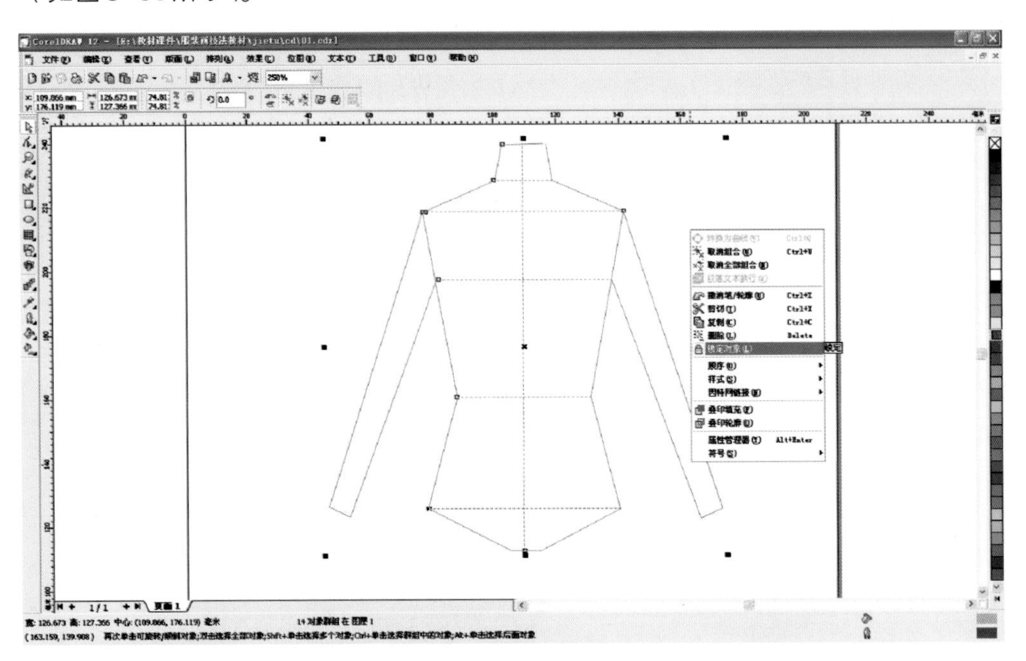

图8-30

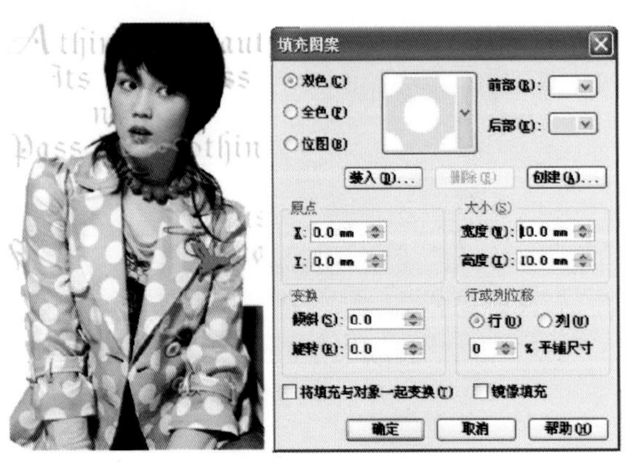

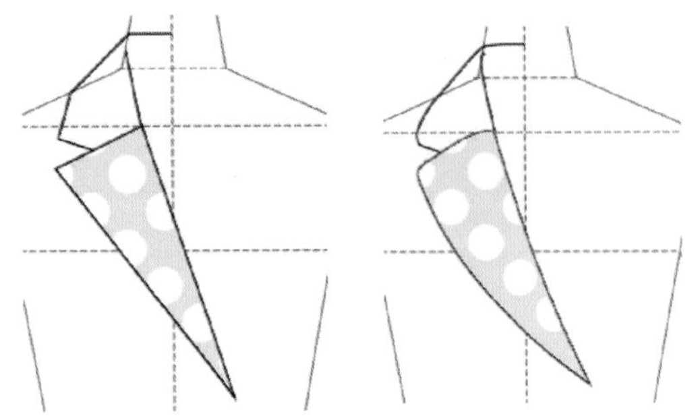

图8-31

步骤二，分析所要表现的服装款式，把线条设置成合适的粗细，在此设为0.25mm，同时设置填充图案，前景色和背景色分别设为白色和黄色，大小设为10mm×10mm（如图8-31所示）。

从领子画起，画之前，首先要利用贝赛尔工具先画出翻折线、封闭的驳领和翻领线，然后用形状工具来调整。翻领线不容易画封闭，暂且不能填充颜色。

步骤三，画衣身，方法同步骤二，注意顺序置于底层，这样被领子遮住的部分可以不必修整了（如图8-32所示）。

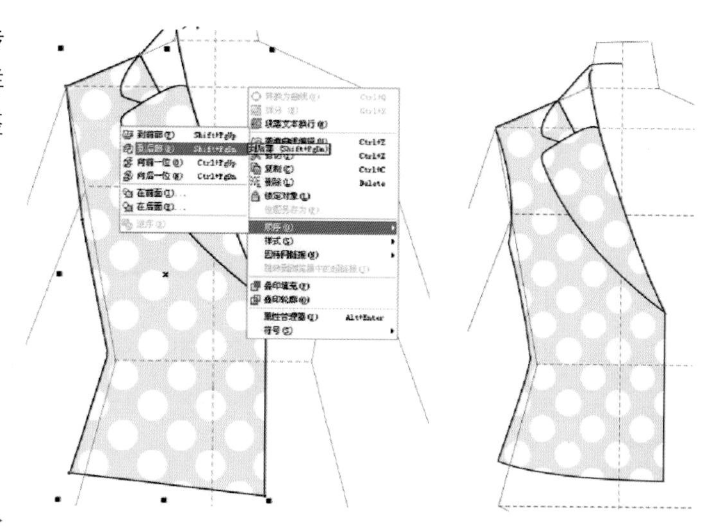

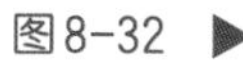

图8-32

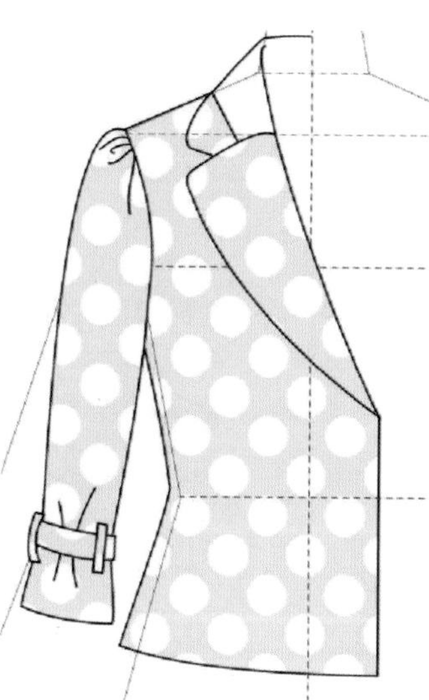

步骤四，画袖子，方法同上，顺序置于底层。此款为中袖，长度大约在腰节线与臀围线之间。泡泡袖、袖口有串带（如图8-33所示）。

图8-33

步骤五，画分割线及缝迹线。画缝迹线时将线条粗细设为0.15mm，轮廓样式选择合适的虚线。这时可以将翻领部分填充颜色，因为翻领是不封闭的曲线，因此只能循已画好的翻领线再描一遍，并使之封闭，将线条设为无轮廓，顺序置于原翻领线之后（如图8-34所示）。

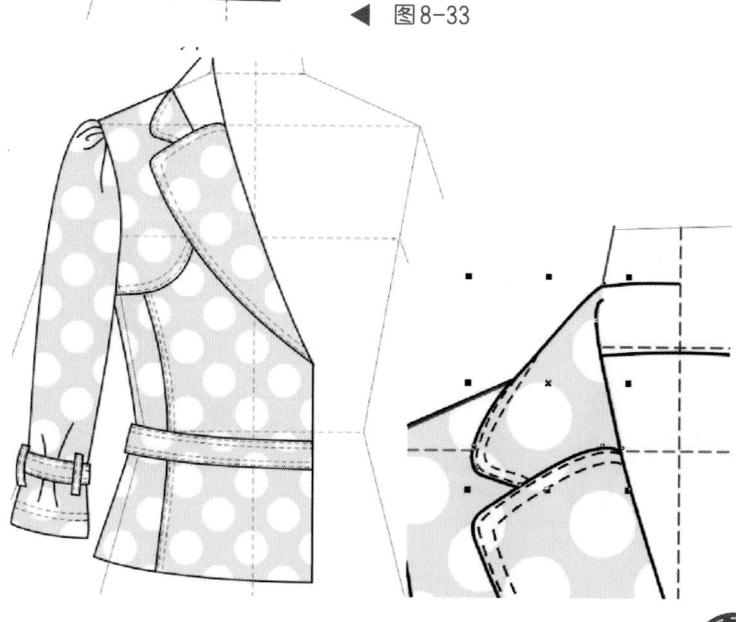

图8-34

步骤六，将画好的左半部分群组并镜射复制，最后进行细节处理。将后领及后衣片部分填充，分别用椭圆和矩形工具画上纽扣和扣眼，并群组复制之。最后可以简单地画出一点阴影，设置透明度显得更加自然一些。全部完成后删除模板（如图8-35所示）。

▲ 图8-35

我们在绘制款式图的时候往往不需要填充颜色及图案，只要把款式细节交代清楚即可，这样可以不必考虑线条是否封闭，绘画起来便更加得心应手了。如果需要填充颜色，可以进行一些肌理的变化（如图8-36所示）。

▲ 图8-36

四、Illustrator 绘画服装画的特征

Illustrator是Adobe公司的另一个产品，它是矢量绘图软件，同Coreldraw的普及性相比较，可能不是很常见。但它操作起来更加方便，上色可以更加柔和，甚至可以避免通常矢量绘图软件的通病——过渡色不柔和。进入软件后对Photoshop熟悉的同学会感到非常的亲切，它的布局和Photoshop非常相似，甚至快捷方式也很相似，这对于我们绘画非常有用，因为不必记住两套不同的工具箱布局和快捷键了。

以下通过实例说明Illustrator的应用方法。

步骤一、起稿

新建一个图层，先用钢笔勾出人物头部和身体的基本造型，注意所画人物造型的整体运动方向。线条颜色根据整体画面的色调来选择。然后再新建一个图层，把它拉到最底层。再把下半身用钢笔勾出来，在此还是要注意人物的比例和动态（如图8-37所示）。

▲ 图8-37

步骤二、上皮肤色及衣服的主要颜色

进一步完善人物及服装的造型，可以在身体上多加装饰物比如一条丝巾，在裤子上加上一些虚线作为缝迹线，并加强头发的飘逸动感。接着就开始上色了，可以先从肤色上手。

把衣服的基本颜色都画上，注意颜色的搭配关系。上条纹颜色的时候用了蒙版命令：先把条纹上好颜色然后群组（Ctrl+G），把衣服处于选择状态，先按Ctrl+C（复制），再按Ctrl+F（粘贴复制的物体在该物体上，位置不变）。然后再把它调到图层的最顶层（可以按Ctrl+Shift+］），把衣服处于条纹之上/然后选择衣服和条纹，按Ctrl+7，这样条纹就会变成在衣服的区域里面了（如图8-38所示）。

▲ 图8-38

步骤三、加明暗

基本颜色画好后，就开始给人物增加一点立体感。注意衣服的褶皱和光源的方向，还是用钢笔工具慢慢地把它勾出来，选一些比较冷灰的颜色。阴影要加得恰到好处，否则容易造成人物结构上的变形。阴影画完之后在“透明度”面板上有个下拉选项，默认值是标准，这时将模式选择正片叠底，这样阴影就非常自然了（如图8-39所示）。

▲ 图8-39

图8-40 ▶

绘画：龙志文

步骤四、完善细节，调整完成

整个画面基本上就画好了，但是尚缺少细节，比如画出眼镜的高光和反光，这里也用到了蒙版工具。手上绑着的丝巾要画点形状上去。直接加上去可能觉得太平面了，所以就要用到另一个蒙版了。选中加上去的全部圆形，群组（Ctrl+G）。在透明面板上右边的小三角的下拉菜单中选择制作不透明蒙版，激活右边的小窗口做一个黑灰渐变的图形。这样就会有前后的立体感了。最后根据画面的需要可以加背景来烘托气氛，但是切忌喧宾夺主（如图8-40所示）。

绘画：龙志文

◀ 图8-41

Illustrator跟Coreldraw相比较而言，具有更高的灵活性，比如在上色方面不必必须是封闭的曲线，而且提供了更加丰富的笔触，在绘制效果图时更加方便，可以营造更多样的风格（如图8-41～图8-45所示）。

绘画：龙志文

▲ 图8-42

绘画：龙志文

▲ 图8-43

绘画：龙志文

▲ 图8-44

▲ 图8-45

绘画：龙志文

参 考 文 献

［1］（美）Bill Thames著.美国时装画技法.白湘文，赵惠群编译.北京：中国轻工业出版社，2002.

［2］（美）比娜·艾布林格著.美国经典时装画技法·基础篇.徐迅，朱寒宇译.北京：中国纺织出版社，2003.

［3］（美）史蒂文·斯提贝尔曼著.美国经典时装画技法·提高篇.余玉霞译.北京：中国纺织出版社，2003.

［4］肖文陵著.时装人体素描.第2版.北京：高等教育出版社，2004.

［5］邹游著.解读时装画艺术.北京：中国纺织出版社，2003.

［6］陈闻编著.时装画研究与鉴赏.上海：中国纺织大学出版社，1998.

［7］庞绮著.时装画表现技法.南昌：江西美术出版社，2004.

［8］刘元风，胡月主编.服装艺术设计.北京：中国纺织出版社，2006.

［9］邱光正主编.服装画艺术.杭州：中国美术学院出版社，1989.

［10］李明，胡迅著.服装画技法.杭州：浙江摄影出版社，1998.

［11］石裕纯，武文.服饰图案设计.北京：中国纺织出版社，1991.

［12］熊谷小次郎著.图解新时尚.张红兵译.天津：天津人民美术出版社，2001.

［13］卡罗林·特森，朱利安·西门著.英国时装设计绘画教程.黄文丽，文学武译.上海：上海人民美术出版社，2004.

［14］孙瑄编著.服装艺术与理念.济南：济南出版社，2004.

［15］潘春宇主编.时装画技法.南京：东南大学出版社，2005.

［16］吕波，秦旭萍编著.服装画技法.长春：吉林美术出版社，2004.

［17］王培娜编著.服装设计手稿.北京：化学工业出版社，2011.

［18］卡洛琳·泰瑟姆.美国时装画教程：从创意到设计（原书第2版）.邹游译.北京：中国纺织出版社，2016.